全国职业培训推荐教材
人力资源和社会保障部教材办公室评审通过
适合于职业技能短期培训使用

电脑动画制作基本技能

中国劳动社会保障出版社

图书在版编目(CIP)数据

电脑动画制作基本技能/刘莹昕主编. —北京：中国劳动社会保障出版社，2008

职业技能短期培训教材

ISBN 978-7-5045-6979-0

Ⅰ. 电… Ⅱ. 刘… Ⅲ. 动画-设计-图形软件，Flash-技术培训-教材 Ⅳ. TP391.41

中国版本图书馆 CIP 数据核字(2008)第 113574 号

中国劳动社会保障出版社出版发行

（北京市惠新东街 1 号　邮政编码：100029）

出版人：张梦欣

*

北京市艺辉印刷有限公司印刷装订　新华书店经销

850 毫米×1168 毫米　32 开本　4.5 印张　111 千字

2009 年 1 月第 1 版　　2009 年 1 月第 1 次印刷

定价：9.00 元

读者服务部电话: 010-64929211

发行部电话：010-64927085

出版社网址：http://www.class.com.cn

前言

职业技能培训是提高劳动者知识与技能水平、增强劳动者就业能力的有效措施。职业技能短期培训能够在短期内，使受培训者掌握一门技能，达到上岗要求，顺利实现就业。

为了适应开展职业技能短期培训的需要，促进短期培训向规范化发展，提高培训质量，中国劳动社会保障出版社组织编写了职业技能短期培训系列教材，涉及二产和三产百余种职业（工种)。在组织编写教材的过程中，以相应职业（工种）的国家职业标准和岗位要求为依据，并力求使教材具有以下特点：

短。教材适合 15～30 天的短期培训，在较短的时间内，让受培训者掌握一种技能，从而实现就业。

薄。教材厚度薄，字数一般在 10 万字左右。教材中只讲述必要的知识和技能，不详细介绍有关的理论，避免多而全，强调有用和实用，从而将最有效的技能传授给受培训者。

易。内容通俗，图文并茂，容易学习和掌握。教材以技能操作和技能培养为主线，用图文相结合的方式，通过实例，一步步地介绍各项操作技能，便于学习、理解和对照操作。

这套教材适合于各级各类职业学校、职业培训机构在开展职业技能短期培训时使用。欢迎职业学校、培训机构和读者对教材中存在的不足之处提出宝贵意见和建议。

人力资源和社会保障部教材办公室

简介

本书是为电脑动画制作初学者编写的，以帮助初学者掌握Flash软件的基本应用。本书包括六个模块，从认识Flash的工作环境和理解Flash的基本概念入手，重点介绍绘图工具的基本操作和基本动画的制作，实现Flash按钮添加声音以及声音的处理和加工，利用脚本语言实现Flash动画的交互，并运用所学知识完成综合实例。

本书在编写过程中，以模块为主线，以任务为驱动，力求做到语言简洁，通俗易懂，图文并茂，结合实际，便于读者在短时间内掌握Flash的基本应用并能够拓展。

本书适合于职业技能短期培训，也可作为农村劳动转移培训教材。

本书由刘莹昕、王丽、石伟编写，刘莹昕主编。

目录

第一单元　概　　论

模块一　认识 Flash 的工作环境

任务描述

1. 掌握 Flash 动画制作软件的启动和关闭方法。

2. 熟悉 Flash 8 的工作界面和主要组成元素的用途。

一、Flash 的基本知识

Macromedia Flash，简称为 Flash，是美国 Macromedia 公司推出的矢量图形编辑和动画创作专业软件，主要应用于网页设计和多媒体创作领域。Flash 通常包括 Macromedia Flash（用于设计和编辑 Flash 文档）以及 Macromedia Flash Player（用于播放 Flash 文档）。

Flash 作为一个专业的动画制作工具，能够在当前的动画制作领域占有一席之地，主要得益于 Flash 的特点。其特点主要表现在：

1. 使用“流”式播放技术

Flash 的最大特点就是采用“流”式技术播放，即用户可以边下载边观看动画，无需等待动画全部下载结束后再观看。

2. 占用空间小

Flash 采用矢量图形显示方式，因此可以减少文件的数据量，满足网络对文件传输和播放的要求。这也是 Flash 动画在网络上得到大量的应用并快速发展的主要原因之一。

3. *交互性强*

Flash 具有极强的交互性，开发人员可以轻易地为动画添加效果。

4. *应用范围广泛*

Flash 可以制作贺卡、MTV、网站片头、广告、电视动画、交互式游戏以及应用于多媒体教学课件等各个方面。

在 Flash 中创作内容时，需要在 Flash 文档文件中工作。Flash 文档的文件扩展名为“. fla”（FLA）。

完成 Flash 文档的创作后，可以使用【文件】【发布】命令发布动画。这将会创建文件的一个压缩版本，其扩展名为“. swf”（SWF）。可以使用 Flash Player 在 Web 浏览器中播放 SWF 文件，或者将其作为独立的应用程序进行播放。

Flash 软件的版本更新非常快，但基本的功能和操作是不变的。本书以中文版 Flash 8 为例进行讲解。

二、Flash 8 的启动和退出

1. *启动 Flash 8*

Flash 8 的启动方式有多种，常用的方法有：

（1）使用开始菜单，如图 1—1 所示。

图 1—1　使用【开始】菜单启动 Flash 8

【开始】【所有程序】【Macromedia】【Macromedia Flash 8】，启动 Flash 8 的工作界面。

（2）快捷图标启动。双击桌面上的快捷图标（见图 1—2），启动 Flash 8。

（3）打开已有 Flash 8 文件。

图 1—2　Flash 8 桌面快捷图标

2. 退出 Flash 8

若要退出 Flash 8，可以执行下列操作之一。

（1）单击 Flash 8 程序窗口右上角的关闭按钮。

（2）执行【文件】【退出】命令。

（3）双击 Flash 8 程序窗口左上角的“■”图标。

（4）按 Alt+F4 组合键关闭。

三、Flash 8 开始页

只要在不打开文档的情况下运行 Flash，便会显示开始页。通过开始页，即可轻松访问常用的操作，开始页如图 1—3 所示。

Flash 8 开始页包含以下四个区域：

1. 打开最近项目

用于最近的文档，也可以通过单击【打开】图标显示【打开文件】对话框。

2. 创建新项目

列出了 Flash 的文件类型，如 Flash 文档和 ActionScript 文

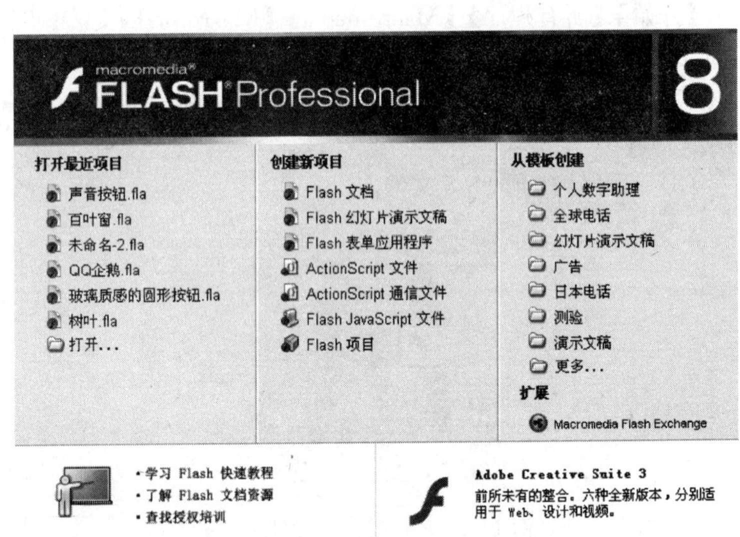

图 1—3　Flash 8 开始页

件等。可以通过单击列表中所需的文件类型快速创建新文件。

3. 从模板创建

列出了创建新的 Flash 文档最常用的模板。可以通过单击列表中所需的模板创建新文件。

4. 扩展

链接到 Macromedia Flash Exchange 站点，用户可以在其中下载 Flash 的助手应用程序、Flash 扩展功能以及相关信息。

四、Flash 8 工作界面

用鼠标单击创建一个新的 Flash 文档，即可进入 Flash 的工作界面。在 Flash 的工作界面中，主要有标题栏、菜单栏、工具栏及工具箱、场景、时间轴、图层区和常用面板等，如图 1—4 所示。

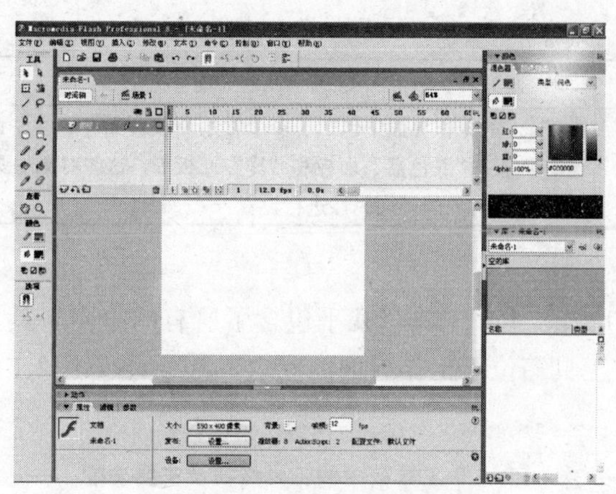

图 1—4　Flash 8 的工作界面

Flash 8 工作窗口的组成要素及功能见表 1—1。

表 1—1　　　Flash 8 工作窗口的组成要素及功能

要素名称	功　能
标题栏	位于工作界面的顶部，左侧显示 Flash 的版本号和文件名，右侧有最小化、最大化和关闭按钮
菜单栏	位于标题栏下方，由“文件”“编辑”“视图”“插入”“修改”“文本”“命令”“控制”“窗口”和“帮助”10 个主菜单栏组成；所有的操作都可以通过主菜单栏中的命令来实现
工具栏	包括工具箱工具栏、编辑栏和主工具栏；工具箱位于工作界面左侧，包括常用的绘图工具，主要用于图形对象的绘制和编辑；编辑栏位于菜单栏的下方；默认情况下，Flash 的工作界面中不显示主工具栏
场景	场景是用来创作的编辑区，场景主要由舞台（白色区域）和舞台外部的灰色区域（工作区）组成
图层区	用于对动画中的各个图层进行管理（如图层新建、命名和锁定等操作）；当动画中的许多图形图像需要按一定的上下层顺序放置时，就可以利用图层来管理
时间轴	主要用于创建动画和控制动画的播放等操作

续表

要素名称	功　能
常用面板	Flash 的工作界面中包括了多个常用面板，如“属性”面板、“动作”面板、“混色器”面板和“库”面板等，这些对象主要用于对舞台中图形对象的不同属性进行设置

1. 工具箱

在 Flash 8 中，工具箱几乎包含了所有的绘图工具。默认的情况下，工具箱位于工作界面的左边，其工具按钮及主要功能见表 1—2。

表 1—2　　Flash 8 工具箱中的工具按钮及主要功能

分类	图标	名称	快捷键	主要功能
选择工具		选择工具	V	选取整个对象
		部分选择工具	A	选取并调整对象路径
		线条工具	N	选取直线对象
		套索工具	L	选取不规则的对象范围
绘图工具		钢笔工具	P	绘制对象路径
		文本工具	T	编辑文本对象
		椭圆工具	O	绘制椭圆形和圆形对象
		矩形工具	R	绘制矩形和正方形对象
		多角星形工具		绘制多角星形对象
		铅笔工具	Y	绘制线条和图形对象
		刷子工具	B	绘制矢量色块或创建一些特殊效果
		任意变形工具	Q	任意变形对象、组、实例和文本块
		填充变形工具	F	对形状内部的渐变或位图进行填充编辑
		墨水瓶工具	S	编辑形状周围线条的颜色、宽度和样式
		颜料桶工具	K	用于填充图形的内部
		滴管工具	I	对场景中对象的填充进行采样
		橡皮擦工具	E	用于擦除线条、图形、填充

续表

分类	图标	名称	快捷键	主要功能
查看工具		手形工具	H	用于场景的移动
		缩放工具	M，Z	用于放大或缩小场景
颜色工具		笔触颜色		用于设置所选工具的线条颜色和边框颜色
		填充色		用于设置所选中对象中要填充的颜色
		黑白		选中的对象只以黑色或白色显示
		没有颜色		选中的矢量图形无颜色
		交换颜色		单击可以交换矢量图形的边框颜色和填充颜色

提示：要显示或隐藏工具箱，可单击【窗口】【工具】命令，或按 Ctrl＋F2 快捷键；要选择某一工具，可以单击要使用的工具，或按工具的快捷键，例如【选择工具】的快捷键为 V。根据所选的工具的不同，在工具箱的底部将出现相应的修改设置。

2. 常用面板

面板是 Flash 界面中最重要的一个部分，使用它们可以查看、组织和更改文档中的元素。默认情况下，Flash 8 界面中的几种常用面板有：

(1)【属性】面板。默认情况下，Flash 8 的【属性】面板位于场景编辑区的正下方，选中工具箱的某个工具或舞台中的某个图形元件时，【属性】面板中将显示相应的属性选项，用户可以根据需要进行具体的设置。

提示：单击【属性】面板左上角的三角按钮▼或按 Ctrl＋F3 组合键可以隐藏面板。

(2)【动作】面板。默认情况下，【动作】面板位于【属性】面板的上方，单击向右按钮或按 F9 键可以显示出面板的内容。【动作】面板允许用户从预置的 ActionScript 清单中进行选择，也允许用户手动编写自己的脚本。

(3)【混色器】面板。默认情况下，【混色器】面板位于工作区的右侧，按 Shift＋F9 组合键可以显示出面板的内容。允许用户将颜色指派给笔触或填充。

(4)【颜色样本】面板。默认情况下，【颜色样本】和【混色器】面板组合在一起，按 Ctrl＋F9 组合键可以访问【颜色样本】面板，这个面板可以帮助用户从当前使用的调色板中组织、保存和删除单独的颜色。

(5)【库】面板。按 Ctrl＋L 组合键可以打开【库】面板，它是存储用户为 Flash 影片所创建的元件或 Flash 影片所要使用的元件的地方。不管是影片剪辑、按钮或是图形元件库中都有。

Flash 8 还有很多面板，可以根据特定的任务需要来定义 Flash 界面，所有的面板可以通过【窗口】菜单来打开。

模块二　掌握 Flash 的基本概念

任务描述

理解 Flash 的常用术语。

在正式学习 Flash 之前，首先对 Flash 的几个基本概念进行介绍。

一、位图与矢量图

计算机可以显示两种格式的图形，即位图和矢量图。Flash 允许用户创建并产生动画效果的矢量图。

位图也叫像素图，它由像素点的网格组成。与矢量图相比，位图的图像容易模拟照片的真实效果，其工作方式就像画笔在画布上作画一样，位图文件的大小较矢量图要大得多，而且当位图放大到一定倍数时会出现马赛克现象。位图具有色彩丰富，还原度高的特点。编辑位图图像时，修改的是像素而不是直线或曲线。位图图像与分辨率有关，因为描述图像的数据被固定到特定大小的网格中。编辑位图图像可改变其外观质量，尤其调整位图图像的大小会使图像的边缘出现锯齿，这是因为像素被重新分配到网格中的缘故。

矢量图是由计算机根据矢量数据计算后生成的，它通过包含颜色和位置属性等信息的直线和曲线来对图像进行描绘，所以计算机在存储和显示矢量图时只需要记录图形的边线位置和边线之间的颜色两种信息即可。矢量图的特点是占用的存储空间小，且矢量图无论放大多少倍都不会出现马赛克现象。在制作 Flash 动画时，应尽量采用矢量图，这样不但可以减少动画文件的大小，而且更适合在网络上播放和传播。

在编辑矢量图时，实际上是在修改和描述图形形状的直线和曲线的属性。移动图形、重新调整图形的大小和形状，以及改变图形颜色并不会影响矢量图的外观质量，矢量图与分辨率无关，这意味着它们可以显示在各种分辨率的输出设备上而不影响品质。

提示：像素（Pixel）是图像元素的简称，是单位面积中构成图像的点的个数，每个像素都有不同的颜色值。单位面积内的像素越多，分辨率越高，图像的效果就越好。

二、舞台、工作区和场景

1. 舞台

舞台位于 Flash 窗口的中央，是在创建 Flash 文档时放置图形内容的矩形区域，这些图形内容包括矢量图、文本框、按钮、导入的位图图形或视频剪辑，默认是白色背景。Flash 中的各种活动都发生在舞台上，在舞台上看到的内容就是导出的影片中观众看到的内容。

2. 工作区

工作区是舞台边缘的灰色区域，也可以用于放置图形的内容。舞台中内容最终将生成动画，显示在播放窗口中。工作区中的内容不会显示在播放窗口中。

3. 场景

场景（Scence）是指当前整个动画的编辑区域，包含舞台和工作区，在一个 Flash 动画中，至少应有一个场景，当一个 Flash 动画有多个场景时，播放时会按照场景创建的先后依次播放，用户可以通过【场景】面板来改变播放的次序。

三、元件与库

在 Flash 动画制作过程中，善于利用元件和库是提高工作效率的重要途径之一。

元件是 Flash 中最重要也是最基本的元素，它对文件的大小和交互能力起着重要作用。元件在动画制作中可以反复使用，利用元件可以大大提高动画制作的效率。Flash 中的元件有三种：

1. 图形元件

图形元件主要用于创建可反复使用的图形，是制作动画的基本元素之一。在 Flash 中，图形元件一般用图标“”表示。可用于静态图像。

2. 影片剪辑

影片剪辑元件是一段可独立播放的动画，是主动画的一个组成部分，当播放主动画时，影片剪辑也循环播放。在 Flash 中，影片剪辑元件用图标“”表示。

3. 按钮元件

按钮元件主要用于创建动画的交互控制按钮，完成一系列响应鼠标事件的操作，如单击、滑过等。可以定义与各种按钮状态关联的图形。在 Flash 中，按钮元件一般用图标“”表示。

4. 库

库主要用于存放和管理动画中可重复使用的元件、位图、声音和视频文件等，利用库对这些资源进行管理，可有效提高效率。如果调用一个元件，只需要将该元件从库中拖放到场景中即可。

思考与练习

1. Flash 是美国 Macromedia 公司出品的________专业软件。

2. 在 Flash 8 工作界面中，按________键可退出 Flash。

3. Flash 动画的最大特点是以________形式进行播放。

4. 默认情况下，Flash 影片频率是________。

A. 10 fps　　B. 12 fps

C. 15 fps　　D. 25 fps

5. 在 Flash 8 工作界面中，按________键可以新建 Flash 文档。

A. Ctrl＋N　　B. Ctrl＋O

C. Ctrl＋W　　D. Ctrl＋Q

6. Flash 动画制作软件的特点有哪些?

7. 使用各种方法启动 Flash 应用程序。

第二单元　绘图工具基本操作

模块一　记 事 本

任务描述

利用【线条工具】和【椭圆工具】绘制记事本。

一、线条工具

在 Flash 中，【线条工具】“/”是最简单的绘制工具，可以直接绘制所需直线。

选择【线条工具】，在【属性】面板中设置笔触高度为 5，笔触颜色为红色（＃FF0000），设置笔触样式为实线，如图 2—1 所示。然后绘制如图 2—2 所示的两个三角形。

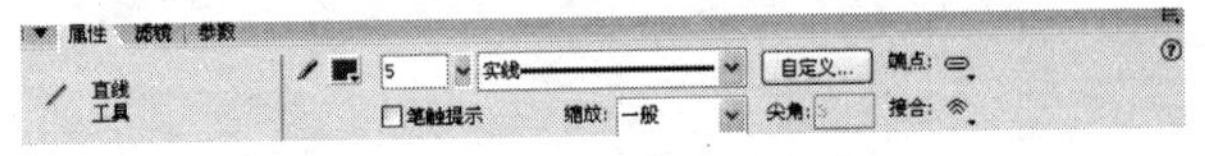

图 2—1　【线条工具】属性的设置

图 2—2　【线条工具】的使用

笔触高度：设置直线路径的高度；

笔触样式：设置直线路径的样式效果；

端点：绘制出来的端点形状；

接合：两条线段相接处，也就是拐角的端点形状（见图 2—3）。

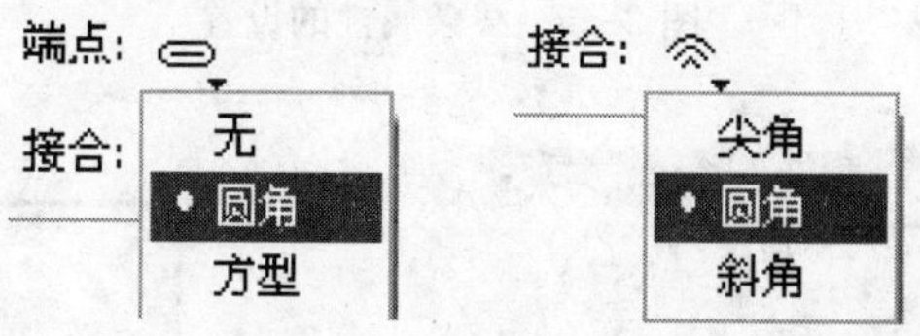

图 2—3 “端点”按钮和“接合”按钮的列表框

提示：使用【线条工具】时，按住 Shift 键可以将线条的角度限制为 45°的倍数。

二、椭圆工具

【椭圆工具】“○”是用来绘制椭圆和正圆的工具，其属性设置和线条工具类似，只是【属性】面板上多了一个填充颜色设置，如图 2—4 所示。

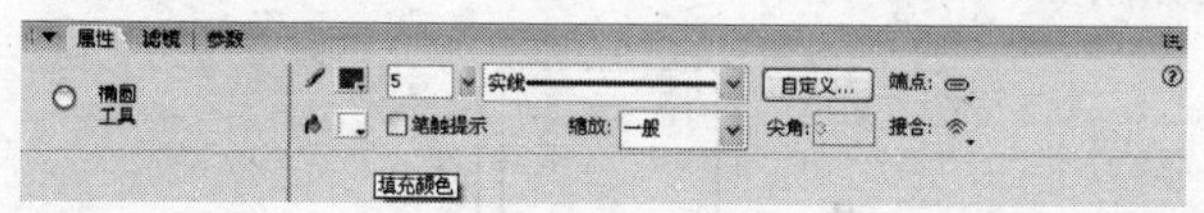

图 2—4 【椭圆工具】的【属性】面板

提示：按住 Shift 键可以绘制出正圆。

◆ 实施步骤

1. 新建一个文件，设置文件大小为 350×350 像素，背景颜色为白色，保存为“记事本 . fla”。

2. 单击工具箱中的【线条工具】“╱”按钮，在【属性】面板中设置线条颜色为淡灰色（＃CCCCCC），笔触高度为 3，如图 2—5 所示，然后将光标移至舞台，拖动鼠标绘制图形，线条宽为 124，高为 177，如图 2—6 所示。

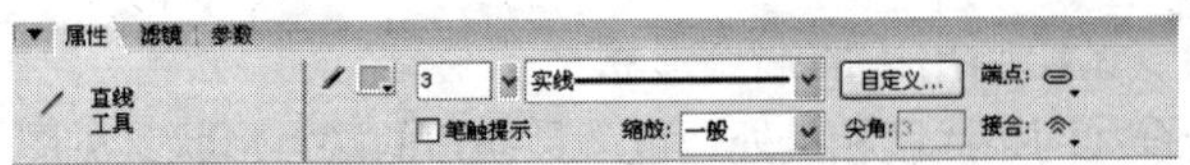

图 2—5 线条属性的设置

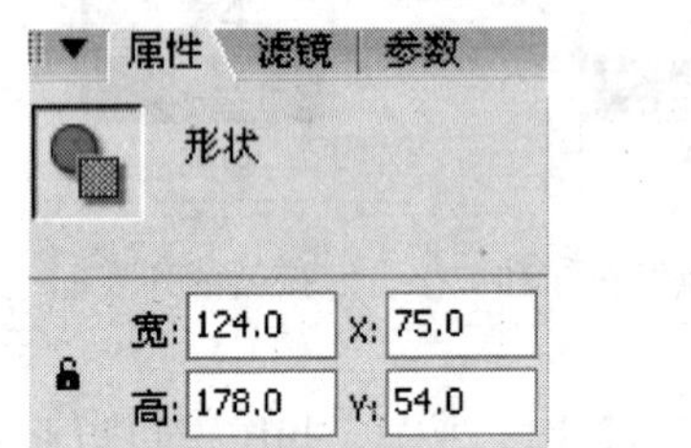

图 2—6 线条的绘制

3. 在【属性】面板中设置线条颜色为灰色（#999999），笔触高度为 2，然后将光标移至舞台，拖动鼠标绘制线条作为书的厚度，如图 2—7 所示。

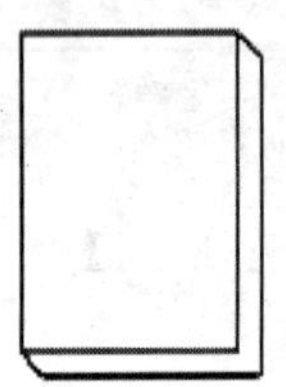

图 2—7 绘制书的厚度

4. 选择【椭圆工具】“○”，设置笔触颜色为无色，填充颜色为深灰色（#666666），如图 2—8 所示，将光标移至舞台，按 Shift 键的同时拖动鼠标，绘制若干个小圆，如图 2—9 所示。

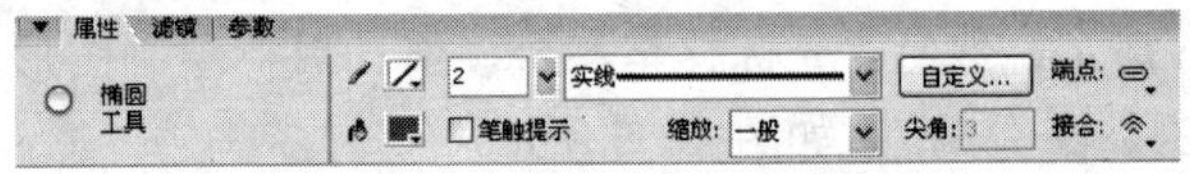

图 2—8 椭圆属性的设置

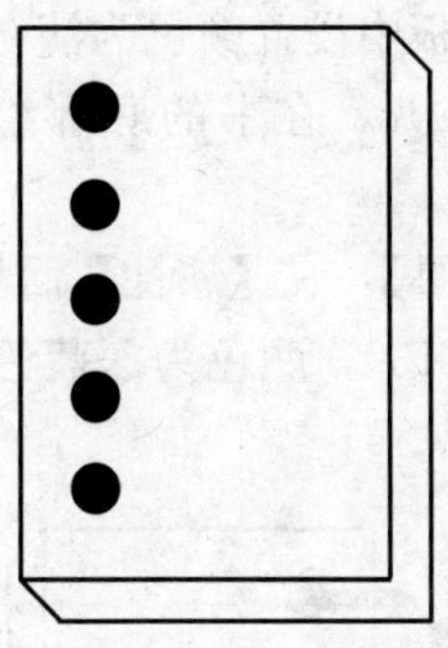

图 2—9　在记事本上绘制小圆

5. 单击【线条工具】，在【属性】面板中设置笔触颜色为深蓝色（#003399），笔触高度为 8，设置拐角形状为圆角，如图 2—10 所示，绘制如图 2—11 所示的图形。

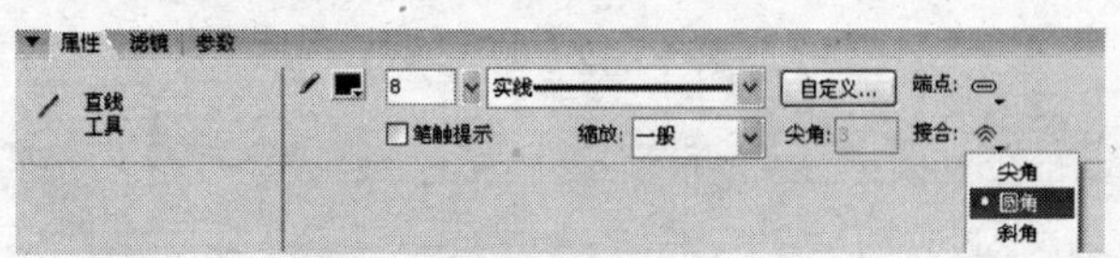

图 2—10　线条属性的设置

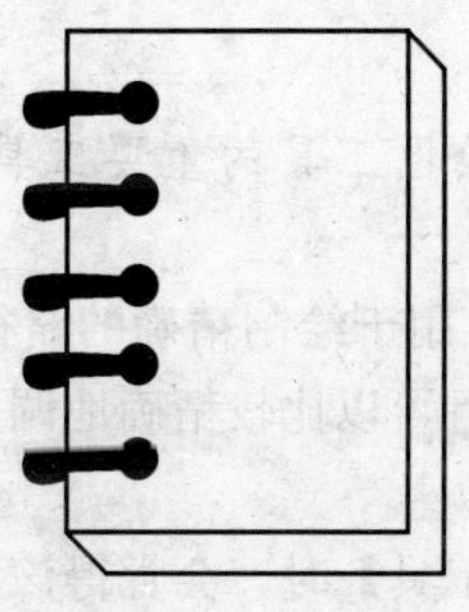

图 2—11　绘制线条

6. 在【属性】面板中设置颜色为淡灰色（#CCCCCC），设右侧 Alpha 的值为 40%，在书的底部绘制直线，以突出书的厚度。

7. 选择【文本工具】，在【属性】面板中设置字体为 Monotype Corsiva，字号为 130，颜色为深蓝色（#003399），输入字母 e，如图 2—12 所示。

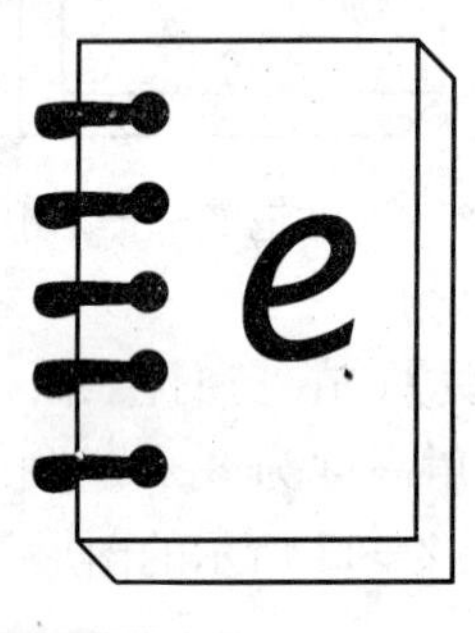

图 2—12　输入字母

模块二　树　　叶

任务描述

【钢笔工具】是绘图工具的重要工具之一，本任务将利用【钢笔工具】绘制树叶。

【钢笔工具】“”用于绘制精确的路径，使用它可以绘制直线、线段和曲线，并且可以比较精确地调整曲线的曲率，使绘制的曲线满足需要。

初次接触【钢笔工具】时，会觉得该工具很不容易控制，但在熟练应用之后，会发现这是一个十分有用的绘图工具。

要使用【钢笔工具】，首先要单击【钢笔工具】按钮或按下快捷键 P，选中【钢笔工具】。使用【钢笔工具】时，鼠标指针的形状会变化，不同形状的鼠标指针代表不同的含义。例如：

♠₊：选择【钢笔工具】后鼠标自动变成此形状，单击即可确定一个锚点。

↖▫：将鼠标移到绘制曲线上没有控制节点（空心小方框）的位置时，它会变为“↖▫”形状，单击即可添加一个控制节点。

♠₋：将鼠标移到绘制曲线的某个控制节点上时，它会变为“♠₋”形状，单击即可删除一个控制节点。

♠。：将鼠标移到某个控制节点上时，它会变为“♠。”形状，单击即可将原来形成弧线的控制节点变为两条直线的连接点。

-¦-：十字准线指针的形式可以提高线条的定位精度。

提示：工作时，按 CapsLock 键可在十字准线指针和默认的钢笔工具之间进行切换。

绘制直线线段时，首先要创建锚点，锚点决定了直线的长度和方向。

提示：在工作区中任意位置单击鼠标确定第一个锚点，这个点作为直线或线段的起点，在工作区中的另一个位置确定第二个锚点，依次类推，可以使用【钢笔工具】绘制出一个图形。如果需要封闭路径，将【钢笔工具】放置在第一个锚点位置单击即可。

使用【钢笔工具】绘制曲线时（见图 2—13），线段的锚点将显示切线调整柄，每个切线调整柄的弧度和长度将决定曲线的弧度、高度和深度，移动切线调整柄可以改变曲线的形状。

◆ **实施步骤**

1. 新建一个文件，设置文件大小为 300×200 像素，背景颜色为白色。将文件保存为“树叶 . fla”。

2. 单击或按下快捷键 P 选中【钢笔工具】“♠”，此时鼠标指针会变为“♠₊”形状。

3. 从工具箱“颜色区”设置笔触颜色为深绿（＃009900）、填

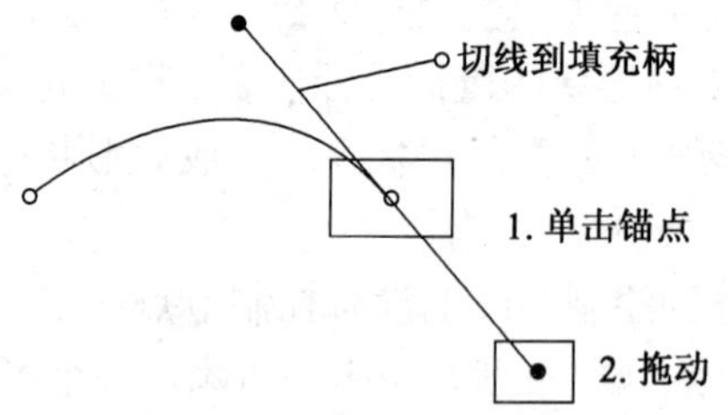

图 2—13　绘制曲线

充色为绿色（＃00CC00），从【属性】面板中设置笔触高度为“2”。

4. 在舞台的合适位置单击创建第一个锚点，在第一个锚点正下方单击（按住鼠标左键），向右水平拖动创建第二个锚点，绘制一条曲线，如图 2—14 所示。释放鼠标后如图 2—15 所示。

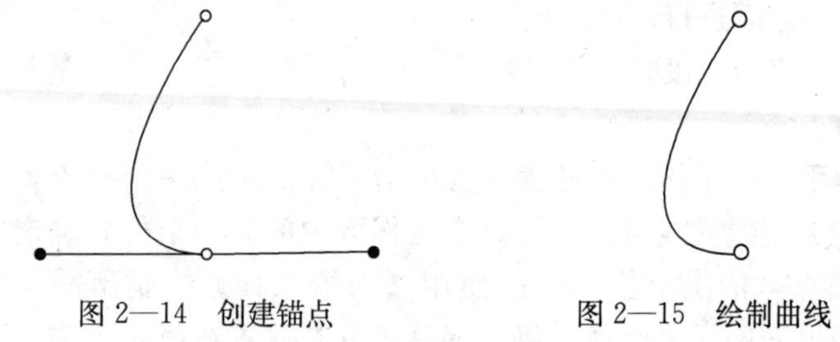

图 2—14　创建锚点　　图 2—15　绘制曲线

5. 在第一个锚点上单击，绘制另一条曲线并封闭图形，形成树叶轮廓，如图 2—16 所示。

6. 选择【线条工具】，在树叶上部和底部之间绘制一条直线作为树叶主干，如图 2—17 所示。

图 2—16　绘制封闭图形

图 2—17　绘制直线

7. 选择【选择工具】“↖”，将鼠标指针放在直线内，向左稍微拖动，将直线变为曲线，如图 2—18 所示。

8. 选择【线条工具】，设置笔触高度为“1”，绘制几条直线作为叶纹，如图 2—19 所示。设置笔触高度为“3”，在树叶底部绘制一条直线作为叶头，效果如图 2—20 所示。

9. 按 Ctrl＋Enter 测试影片，保存文件。

图 2—18 调整直线

图 2—19 绘制叶纹

图 2—20 效果图

模块三 QQ 企鹅的制作

任务描述

使用【椭圆工具】和【线条工具】进行企鹅的绘制，熟练掌握【选择工具】的使用，利用【颜料桶工具】完成图形的填充。

一、选择工具

在 Flash 中，【选择工具】是被使用最多的工具。使用【选择工具】可以选择、移动舞台上的对象，还可以调整图形的形状、进入或退出整体对象内部操作。要使用【选择工具】，首先需要在工具箱中单击它，或按下 V 键将其选中。

【选择工具】有三个选项：

· 吸附“”。在拖动工作区中的对象时，使其吸附在工作区中已存在的对象上。

· 平滑“”。多次单击可以使选定的曲线消除多余的锯齿，变得越来越平滑。

· 伸直“”。可以使选定的曲线减少弯曲，消除多余的弧度。

1. 选择舞台上的对象

对舞台上的对象进行移动、复制、对齐、设置属性等操作，首先都需要选中对象。使用【选择工具】可以方便地选择舞台上作为整体的对象，例如绘制对象、群组、文本、元件实例等，还可以选取分散的矢量图形，例如选取线条、填充、部分图形或整个图形。

使用【选择工具】选取对象的具体操作。

（1）选取线条。单击矢量图的线条，可以选取某一线段，如图 2—21 所示；双击线条可以选取连接着的所有线条，如图 2—22 所示。

图 2—21　单击选取线条

图 2—22　双击选取线条

(2) 选取填充。在矢量图填充区域单击即可选取某个填充。如果图形是一个有边线的填充区域，要同时选中填充区域和边线，则应在填充区域中的任意位置双击。

(3) 拖动选取。在需要选择的对象上拖出一个区域，该区域覆盖的所有对象（或矢量图的一部分）都将被选中。

(4) 选取整体对象。要选取群组、文本和元件实例整体对象，则只需在对象上单击即可，被选取的对象周围会出现一个蓝色的方框。

(5) 选取多个对象。按下 Shift 键，并单击所要选择的对象可同时选中多个对象。

提示：要选择舞台上的所有对象，可选择【编辑】【全选】菜单项，或按下 Ctrl＋A 组合键。在舞台任何空白处单击，可取消对象的选取。

2. 移动和复制对象

制作动画时，经常需要调整舞台上对象的位置，有时候还需要将舞台上的对象复制一份或多份。使用【选择工具】移动或复制对象的具体操作方法：

(1) 移动对象。在舞台上选中对象后，使用【选择工具】单击拖动对象，可以把被选对象移到舞台任何一个区域。如果在移动对象的同时按下 Shift 键，则可以沿水平、垂直或 45°方向有规则地移动对象。

(2) 复制对象。在舞台上选中对象后，按住 Ctrl 键或 Alt 键，单击并拖动对象，即可复制出一个对象，重复操作可复制出多个对象。

提示：选择【编辑】【复制】菜单项，或按 Ctrl＋C 组合键，可以将对象复制到剪贴板，然后执行【编辑】【粘贴到中心】命令或按 Ctrl＋V 组合键，可以将对象复制到舞台中心位置；按 Ctrl＋Shift＋V 组合键，可以将对象复制到当前位置。

3. 调整图形形状

在线条或图形上单击工具栏上的【选择工具】后，在工作区中鼠标会出现三种不同的箭头状态，用来改变图形的位置和形状。

（1）改变线条的弯曲程度。将光标靠近图形，当光标变为“↖︶”时，按住鼠标左键不放并拖动鼠标，可以改变线条的弧度。

（2）改变端点和拐点的位置。将光标靠近图形，当光标变为“↖⌟”时，按住鼠标左键不放并拖动鼠标，可以改变端点和拐点的位置。

（3）移动图形的位置。将鼠标放在图形上，光标变为“↖✥”时，拖动鼠标，可以移动图形的位置。

提示：若改变线条弧度时按 Ctrl 键或 Alt 键，将会添加新的拐点。

二、颜料桶工具

在 Flash 8 中，形状对象和文本对象都有填充属性，使用【颜料桶工具】不仅可以直接填充空白区域，还可以更改已经被填充区域的颜色。可以使用纯色、渐变色和位图进行填充。利用【颜料桶工具】可以填充没有完全封闭的区域。

要使用【颜料桶工具】，首先需要在工具箱中单击它，或按下 K 键将其选中。工具箱的选项区域将显示颜料桶的填充模式，如图 2—23 所示。

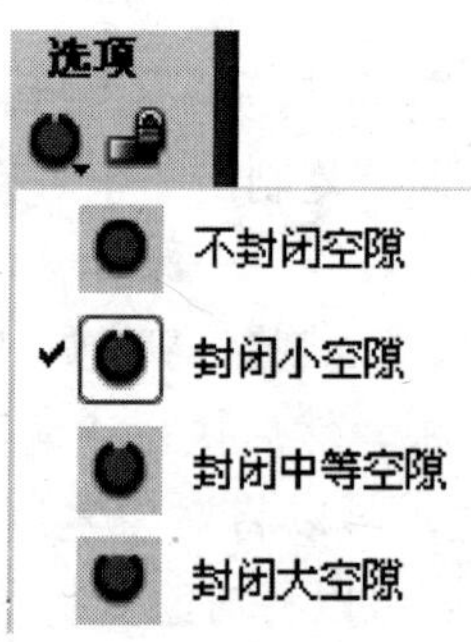

图 2—23 颜料桶的填充模式

空隙模式的四种选项见表 2—1。

表 2—1　空隙模式的四种选项

不封闭空隙	不允许有空隙，只限于填充封闭区域
封闭小空隙	可以填充有小空隙的区域
封闭中等空隙	可以填充有一半缺口的区域
封闭大空隙	可以填充有大缺口的区域

锁定填充“ ”：可以控制渐变填充方式。

◆ 实施步骤

1. 新建一个文件，设置文件大小为 300×200 像素，背景颜色为白色，保存为“QQ 企鹅 . fla”。

2. 单击或按下快捷键 O，选择【椭圆工具】，选择填充色为无色，椭圆的线条颜色为黑色，在舞台中画一个椭圆，作为企鹅的头部，如图 2—24 所示。

3. 对 QQ 企鹅的头部进行调整。当鼠标光标变成图 2—25 所示的样子后，拖动鼠标对企鹅头部进行调整，将椭圆调整成图 2—26 所示的图形。

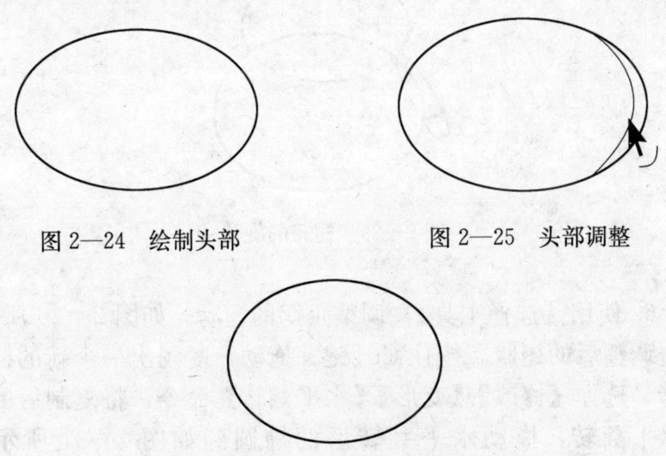

图 2—24　绘制头部

图 2—25　头部调整

图 2—26　调整后的头部

4. 新建图层 2，选中【椭圆工具】，在企鹅头部的下方绘制一个椭圆，如图 2—27 所示；新建图层 3，选中【椭圆工具】，在新图层上绘制一个椭圆，作为企鹅的翅膀，如图 2—28 所示。

5. 选中图层 3，使用【选择工具】选中新绘制的椭圆，单击【修改】【变形】【缩放和旋转】命令打开对话框，设置旋转为 30°后单击【确定】按钮，将旋转后的椭圆拖到如图 2—29 所示的位置。

提示：打开缩放和旋转对话框可使用快捷键 Ctrl+Alt+S。

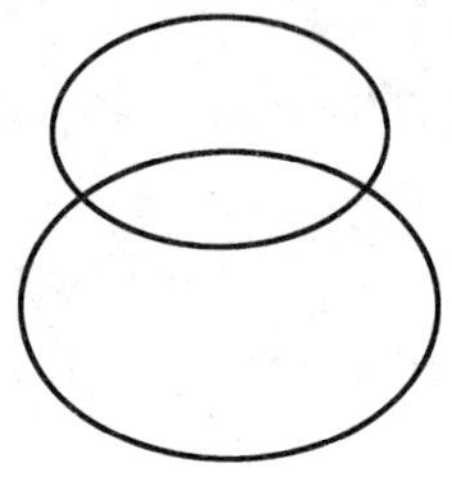

图 2—27　身体的绘制

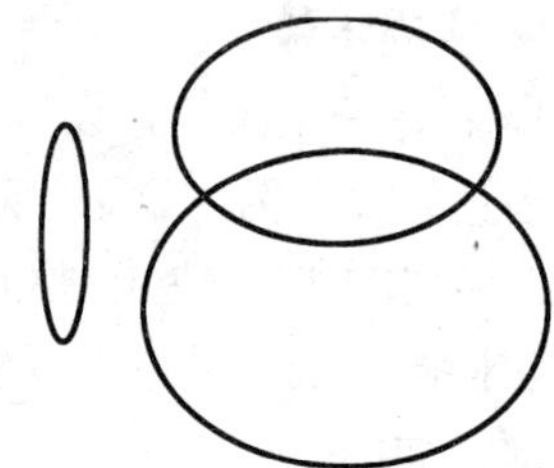

图 2—28　翅膀的绘制

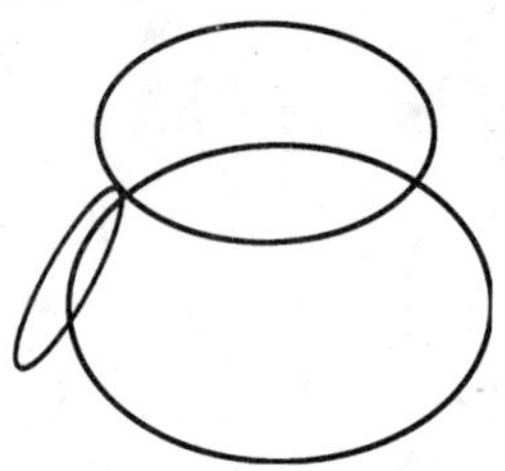

图 2—29　翅膀的旋转

6. 使用【选择工具】，调整企鹅的翅膀，如图 2—30 所示。单击调整后的翅膀，按住 Ctrl 键并拖动，复制出一个新的椭圆翅膀。选择【修改】【变形】【水平翻转】命令，将复制后的椭圆水平翻转，拖动水平翻转后的椭圆到如图 2—31 所示的位置。

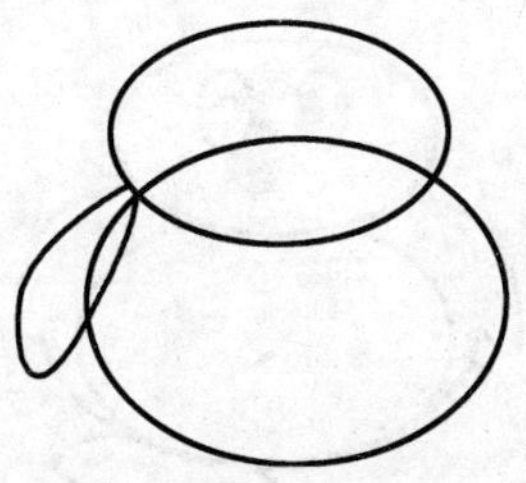

图 2—30　翅膀的调整

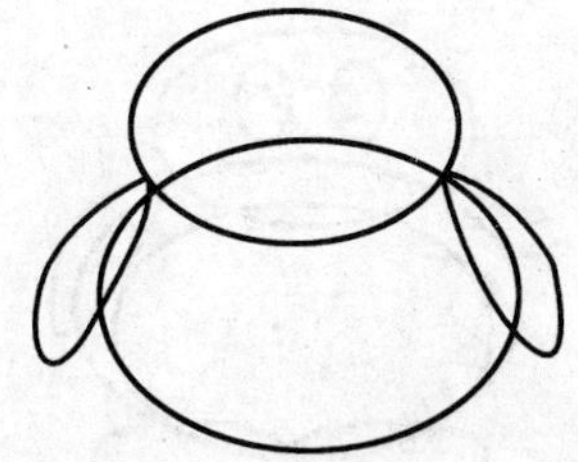

图 2—31　翅膀的复制

7. 新建图层 4，选中【椭圆工具】，绘制一个椭圆作为企鹅的脚；同步骤 6 制作企鹅的另一只脚，如图 2—32 所示。

8. 新建图层 5，使用【椭圆工具】，绘制一个椭圆作为企鹅的肚子，如图 2—33 所示。

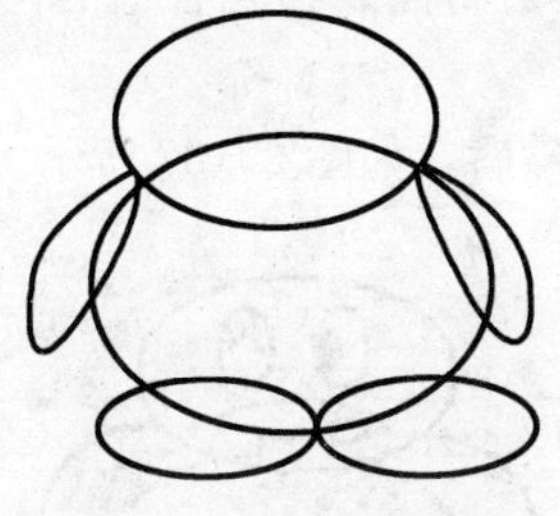

图 2—32　脚的制作

图 2—33　肚子的绘制

9. 新建图层 6，使用【椭圆工具】，绘制企鹅的眼睛。线条颜色为无色，填充色为黑色，绘制一个眼球。使用【直线工具】绘制另一只眯眯眼，线条笔触为 2。使用【选择工具】调整眼睛的位置，如图 2—34 所示。

10. 使用【选择工具】框选整个企鹅，然后单击右键，弹出快捷菜单，选择【剪切】命令。在“图层 1”场景上单击右键，在快捷菜单中选择【粘贴到当前位置】命令。

11. 使用【选择工具】选中不需要的线条，然后按 Delete 键删除，删除后的图像如图 2—35 所示。

图 2—34　眼睛的绘制

图 2—35　删除线条后的图像

提示：按住 Shift 键可以选择多个线条。

12. 使用【钢笔工具】绘制企鹅的嘴。单击“图层 2”，在场景上使用【钢笔工具】单击，在单击的这一点水平位置上按住鼠标拖动出一条曲线；使用【选择工具】将曲线移到合适的位置，如图 2—36 所示。

13. 使用同样的方法绘制企鹅的嘴唇，如图 2—37 所示。

图 2—36　嘴的绘制

图 2—37　嘴唇的绘制

14. 使用【矩形工具】绘制企鹅的围巾，如图 2—38 所示。

15. 按照步骤 10、11 的操作删除多余的线条，删除后的图像如图 2—39 所示。

16. 使用【直线工具】和【选择工具】绘制企鹅的细节，如图 2—40 所示。

图 2—38　围巾的绘制

图 2—39　删除多余的线条

17. 使用【颜料桶工具】为企鹅填充颜色，效果如图 2—41 所示。

图 2—40　绘制好的 QQ 企鹅

图 2—41　效果图

18. 按 Ctrl＋Enter 组合键，测试影片并保存文件。

提示：填充时可以根据封闭空隙的大小进行选择。

模块四　玻璃质感的圆形图标

任务描述

玻璃质感的图标在网络中随处可见，一般都是用 Photoshop 制作的。本任务将利用 Flash 绘图工具制作。

一、任意变形工具和变形面板

对形状进行变形是应用比较广泛的技巧，其作用是调整形状在舞台中的比例，协调与其他形状的关系。使用【任意变形工具】可以对形状进行缩放、旋转、倾斜、扭曲和封套等操作。要使用【任意变形工具】，首先要选择对象，然后在工具箱中单击它，或按下 Q 键，此时所选对象的四周会显示带有 8 个控制点的矩形线框，中间会出现一个变形中心点，可以通过调整任意一个控制点来改变对象的形状。

提示： 在 Flash 中，所有对象的缩放、旋转和倾斜都是以变形中心点为中心进行的。如果希望等比例缩放对象，可按住 Shift 键拖动控制点。

也可以通过【变形】面板缩放、旋转和倾斜对象。通过【变形】面板可以精确设置缩放比例，以及旋转和倾斜的角度大小。此外，通过【变形】面板可以撤销先前的操作，使对象恢复未变形前的状态，还可以复制变形的对象。

选择舞台上的对象，然后执行【窗口】【变形】或按 Ctrl+T 组合键打开【变形】面板，如图 2—42 所示。

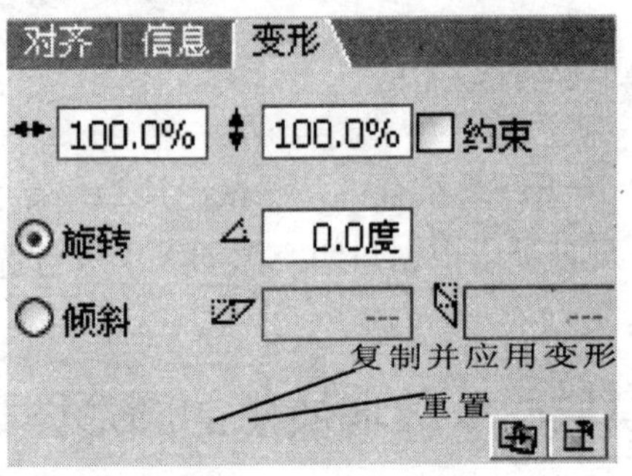

图 2—42 【变形】面板

二、文本工具

若想在动画中输入文字，可以使用工具箱中的文本工具，或者通过剪贴板将文字粘贴到文本框中。

1. 使用【文本工具】

(1) 单击【文本工具】或按T键，选中【文本工具】。

(2) 将光标移至舞台，光标变为“┼A”，单击生成文本输入框，且框内有光标闪烁。

(3) 输入文本，随着文字的增加，输入框会自动变宽，按Enter键可换行，在舞台空白处单击可结束输入。

2. 使用剪贴板

将已有的文字选中，复制后选择【文本工具】。在舞台上单击，生成文本框，执行【编辑】【粘贴】命令，或按Ctrl＋V组合键。

◆ **实施步骤**

1. 新建一个文件，设置文件大小为300×200像素，背景颜色为白色，保存为“玻璃质感的圆形按钮.fla”。

2. 单击或按下快捷键O，选择【椭圆工具】，选择填充色为蓝色（#003399），在舞台中画一个圆，如图2—43所示。

图2—43　绘制一个圆

3. 选择【选择工具】，选中所画的圆，按Ctrl＋C组合键复制该圆。在时间轴的左边单击插入图层“ ”按钮，新增一个图层。单击鼠标右键，弹出快捷菜单，选择【粘贴到当前位置】。

4. 选择【窗口】菜单，打开【混色器】面板，如图2—44所示。在“面板填充类型”下拉框中选择“线性”，如图2—45所示，【混色器】面板如图2—46所示。

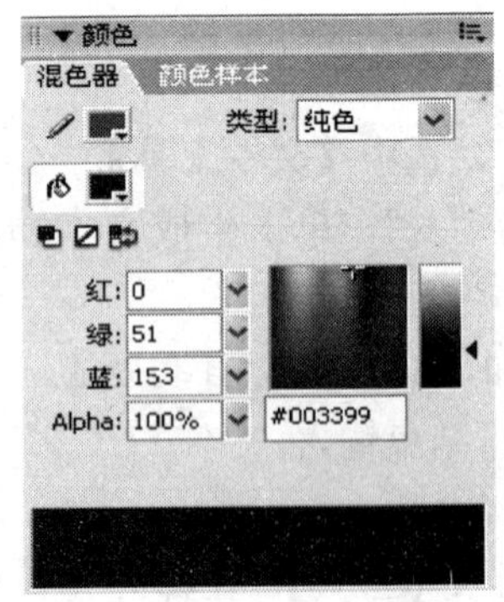

图 2—44　打开【混色器】面板

图 2—45　选择“线性”

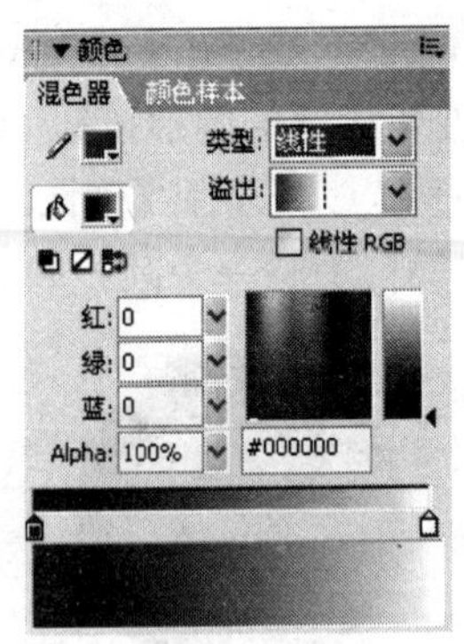

图 2—46　选择“线性”后的【混色器】面板

5. 用鼠标单击左边的色标，在色标的颜色中选择白色，并把 Alpha 值改为 75%，再选择右边的色标，同样选择白色，Alpha值改为 0%，设置完成后的【混色器】面板如图 2—47 所示。

6. 选择图层 2，选择【颜料桶工具】“ ”，在圆的下方按下鼠标左键，并拖动到上方再松开鼠标，如图 2—48 所示。选择【选择工具】单击舞台空白处，就可以看到添加了渐变色后的圆，如图 2—49 所示。

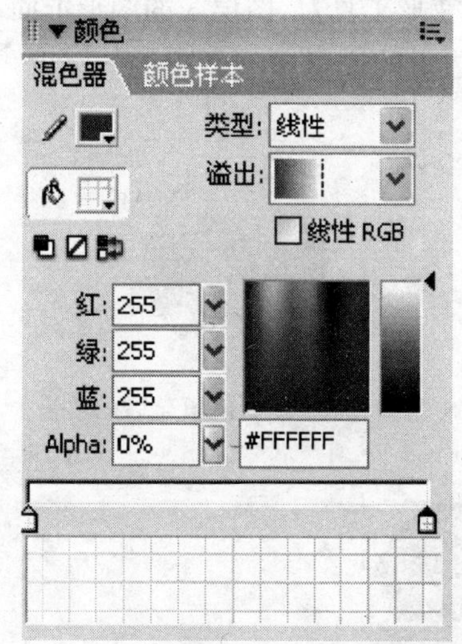

图 2—48　添加渐变色

图 2—47　设置完成后的【混色器】面板　　图 2—49　添加了渐变色后的圆

7. 选择图层 1，再次复制圆形。新增图层 3，按 Ctrl＋Shift＋V 组合键，将复制的圆形粘贴到当前位置。

8. 单击图层 1 右边锁下面的小黑点，将图层 1 锁上，同样将图层 2 锁上，如图 2—50 所示。用【选择工具】选择圆形的下半部分，再用 Delete 键删除，如图 2—51 所示。

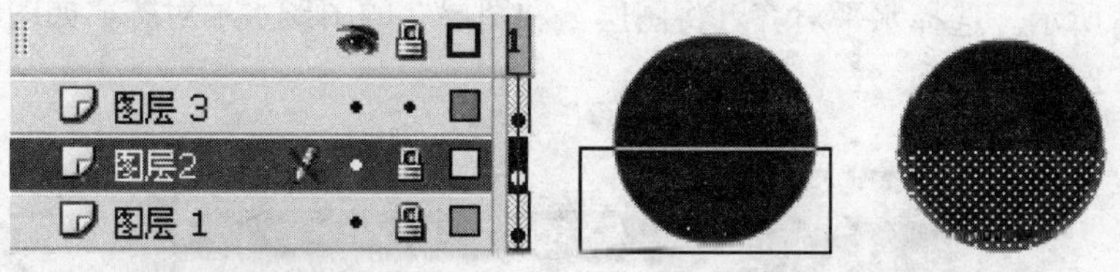

图 2—50　锁住图层　　图 2—51　选择下半圆

9. 给余下的上半圆填充渐变色，方向为从上向下拉，如图

2—52 所示，填充后的效果如图 2—53 所示。

10. 选择图层 3，选择【任意变形工具】，图层 3 的图形上面出现了带锚点的矩形，拖动垂直边上的锚点，改变图形的宽度，如图 2—54 所示。

图 2—52 渐变色的填充

图 2—53 渐变色填充后的效果

图 2—54 缩小图形的宽度

11. 单击图层 2 中的锁，将图层 2 的锁定状态解除。选择图层 2，按下 Ctrl 键，同时选择图层 3，如图 2—55 所示。在主工具栏上选择【对齐工具】“”，弹出对齐面板“”，如图 2—56 所示。选择水平对齐，将图层 2 和图层 3 的图形水平对齐，如图 2—57 所示。

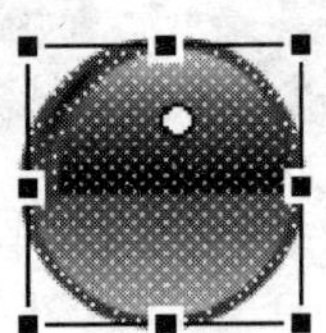

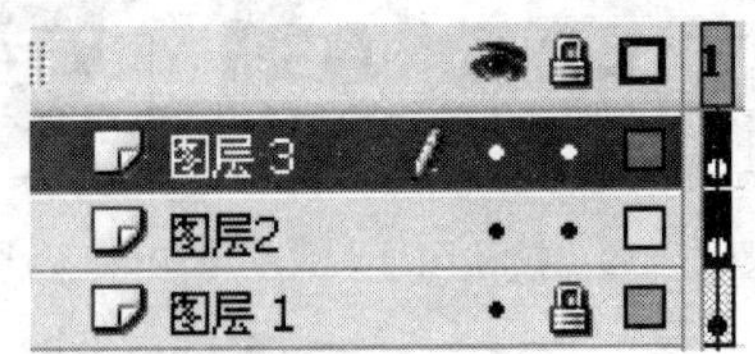

图 2—55 同时选择图层 2 和图层 3

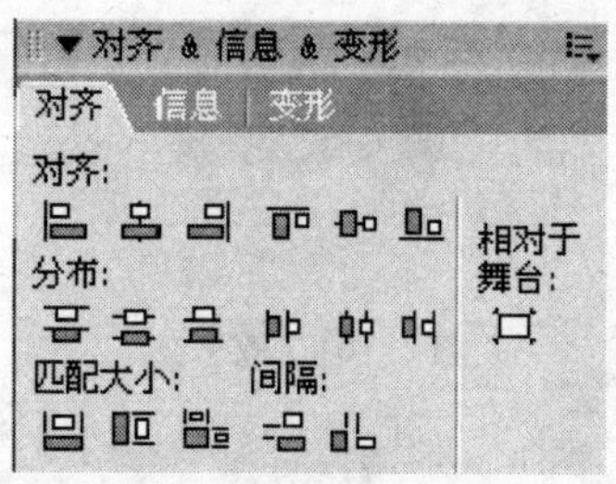

图 2—56　对齐面板

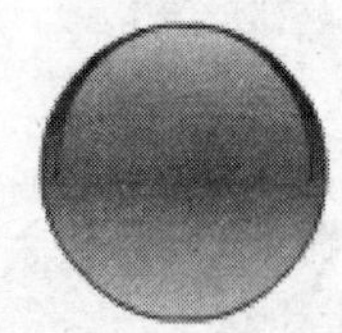

图 2—57　水平对齐后的图形

12. 新建图层 4，拖动图层 4 到图层 3 的下面，如图 2—58 所示。选择【文本工具】“A”，在图层 4 上输入文字，在属性检查器上进行如图 2—59 所示的设置，在舞台上单击，输入文字“F”，使用【缩放工具】调整文字大小，如图 2—60 所示。用同样的方法在“F”下方输入白色文字“FLASH”，效果如图 2—61 所示。

13. 按 Ctrl+Enter 组合键，测试影片并保存文件。

图 2—58　拖动图层 4

图 2—59　设置文字属性

图 2—60　输入文字，调整大小

图 2—61　效果图

模块五　雪　　花

任务描述

使用多角星形工具绘制雪花效果。

多角星形工具

【多边形工具】分为【矩形工具】和【多角星形工具】两种，主要用于绘制矩形、多边形和星形。

将光标移至【矩形】工具按钮，按下鼠标左键约 2 s，将出现【多角星形工具】，单击可以选择【多角星形工具】，在舞台上绘制多边形和星形。

1. 绘制多边形的方法

(1) 选择【多角星形工具】，在【属性】面板中单击【选项】按钮，弹出“工具设置”对话框，选择样式为多边形，在“边数”右侧的输入框中输入 3～32 的值（包括 3 和 32），指定多边形的边数，单击【确定】后关闭对话框。

(2) 将光标移至舞台，可绘制多边形（见图 2—62）。

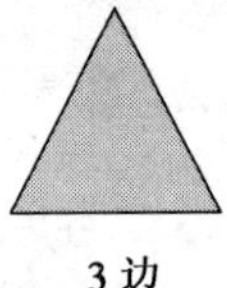

3 边

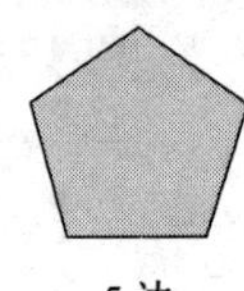

5 边

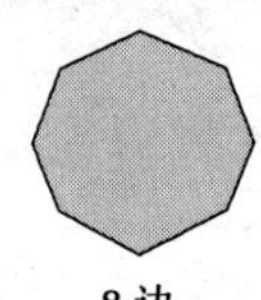

8 边

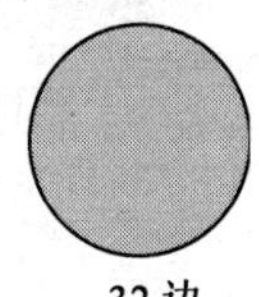

32 边

图 2—62　绘制多边形

2. 绘制多角星形的方法

（1）选择【多角星形工具】，在【属性】面板中单击【选项】按钮，弹出“工具设置”对话框，选择样式为星形，在“边数”右侧的输入框中输入 3～32 的值（包括 3 和 32），指定星形的角数（见图 2—63）。

（2）在“星形顶点”右侧的输入框中输入 0.1～1.0 之间的值（包括 0.1 和 1.0），设置星形顶点大小（见图 2—64）。单击【确定】后关闭对话框。

（3）将光标移至舞台，可绘制多角星形。

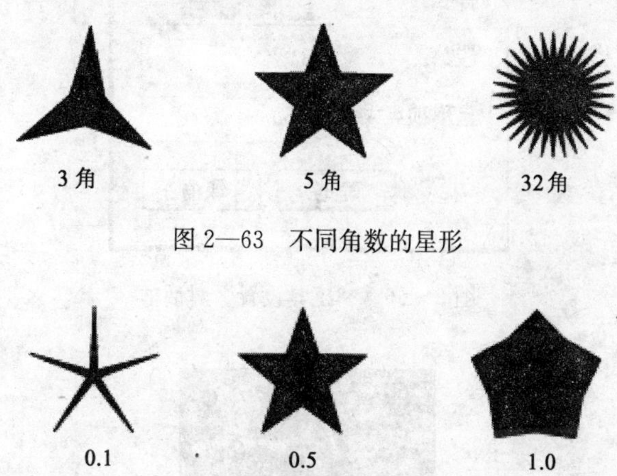

图 2—63　不同角数的星形

图 2—64　不同顶点大小的星形

◆ 实施步骤

1. 新建一个文件，设置文件大小为 300×300 像素，背景颜色为蓝色（＃0033CC），保存为“雪花 . fla”，帧频设为 8 fps。

2. 选择【多角星形工具】，打开【属性】面板，设置笔触颜色为白色，笔触样式为极细，填充颜色选择无，如图 2—65 所示。单击“选项”按钮，弹出“工具设置”对话框，设置样式为星形，设置星形的角数为 6，如图 2—66 所示。

3. 将光标移至舞台，绘制六角星形，如图 2—67 所示。

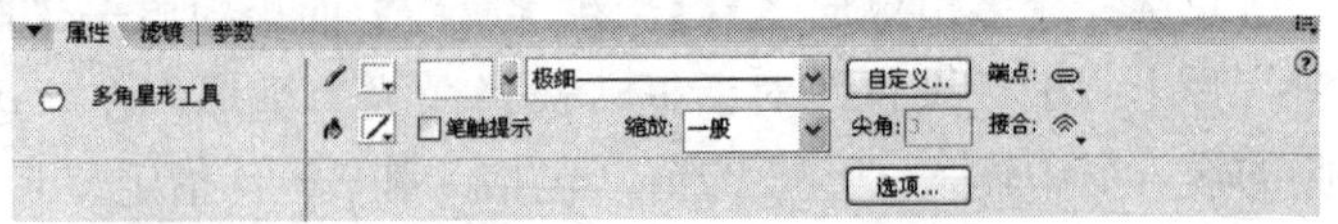

图 2—65 【多角星形工具】的属性设置

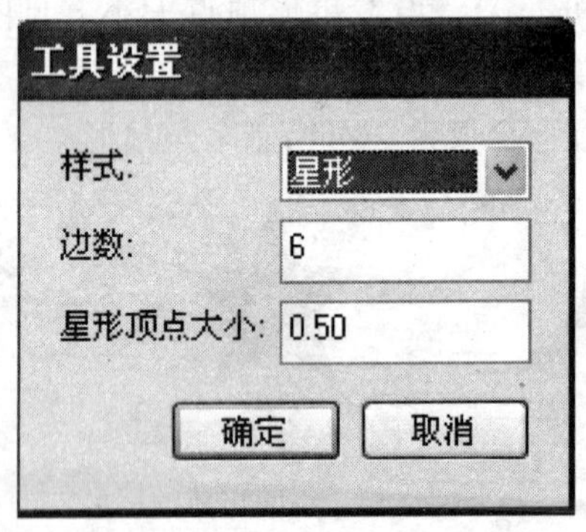

图 2—66 “工具设置”对话框

图 2—67 绘制六角星形

4. 选择【线条工具】后打开【属性】面板，设置笔触颜色为白色，笔触高度为 2，绘制直线，如图 2—68 所示。

5. 按 Ctrl＋Enter 组合键，测试动画并保存文件（见图 2—69）。

图 2—68　绘制直线

图 2—69　“雪花”效果

模块六　霓虹文字

任务描述

通过填充边缘实现模拟霓虹灯的效果。

一、墨水瓶工具

使用【墨水瓶工具】不仅可以改变一条路径的粗细、颜色和线型等，还可以给分离后的文本或图形添加路径轮廓，但【墨水瓶工具】本身是不能绘制图形的。

选择【墨水瓶工具】，在【属性】面板中设置【墨水瓶工具】的相关属性。包括描点路径的颜色、粗细和样式。使用【墨水瓶工具】可以快速给图形对象添加边框路径。

使用【墨水瓶工具】对图形描边时，不仅可以选择单色描边，还可以选择渐变色描边。对于已经有了边框路径的图形，同样可以使用【墨水瓶工具】重新描边。所有被描边的图形必须处于网格状的可编辑状态。

二、文本工具

如果要对文本进行渐变色填充、绘制边框路径等针对矢量图形的操作或制作渐变的动画，首先要对文本进行分离操作，将文本转换为可编辑状态的矢量图形。具体操作如下：

1. 选中要分离的文本，单击【修改】【分离】菜单项，原来的文本框会拆分成多个文本框，每个字符各占一个，并且每个字符都可以单独使用【文本工具】进行编辑。

2. 选中所有的文本，再执行【修改】【分离】命令，这时所有的文本可转换为网格状的可编辑状态。

提示：分离文本可使用快捷组合键 Ctrl＋B。将文本转换为矢量图形的过程是不可逆转的，不能将矢量图形转换为文本。

◆ **实施步骤**

1. 新建一个文件，设置文件大小为 300×200 像素，背景颜色为黑色，保存为“霓虹文字 . fla”，帧频设为 8 fps。

2. 单击工具箱中的【文本工具】按钮，在【属性】面板中设置文本的类型为“静态文本”，字体为 Arial，字体大小为 61，颜色为白色，样式为加粗。在舞台上输入文本“FLASH 8”，如图 2—70 所示。

图 2—70　输入文字

3. 按 Ctrl＋B 组合键，将文本打散。

4. 在舞台空白处单击鼠标，然后单击【墨水瓶工具】按钮，在【属性】面板中设置笔触的颜色为＃CC6600，笔触高度为 3，笔触样式为虚线，如图 2—71 所示。

5. 单击第 1 帧，使用【墨水瓶工具】单击被打散的文字边缘，给文本应用新的边缘线，如图 2—72 所示。使用【选择工具】选中白色文本部分，按 Delete 键删除，如图 2—73 所示。

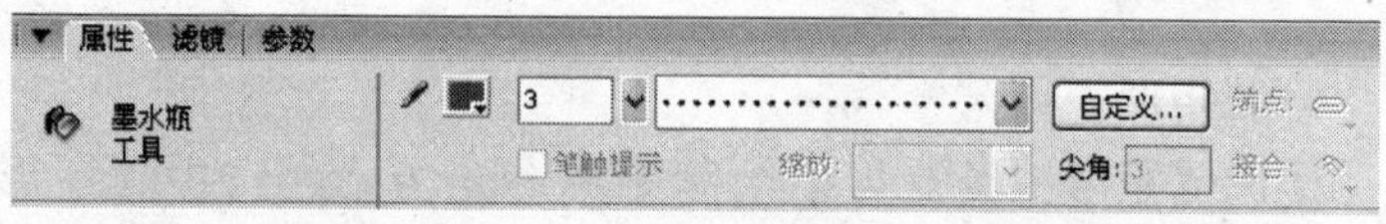

图 2—71　设置【墨水瓶工具】的属性

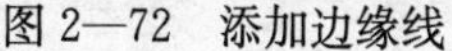
图 2—72　添加边缘线

图 2—73　删除白色文本部分

提示：可以将舞台放大进行选择，以便删除白色文本部分。

6. 单击时间轴的第 5 帧，按 F6 键插入关键帧，在【属性】面板中设置笔触的颜色为＃FFCC00，笔触高度和笔触样式同步骤 4，改变文字的边缘线颜色。

7. 单击时间轴的第 10 帧，按 F6 键插入关键帧，在【属性】面板中设置笔触的颜色为＃66CC99，笔触高度和笔触样式同步骤 4，改变文字的边缘线颜色。

8. 单击【时间轴】的第 15 帧，按 F5 键插入帧。

9. 按 Ctrl＋Enter 组合键，测试动画并保存文件。

模块七　中国银行标志

任务描述

使用【矩形工具】【椭圆工具】和【线条工具】绘制中国银行的标志，通过【对齐】面板完成制作。

一、矩形工具

使用【矩形工具】可以绘制矩形和正方形。选中【矩形工具】，选项区域将添加一个控制矩形圆角度数的选项按钮，如图2—74所示。单击"⌐"按钮，弹出【矩形设置】对话框，如图2—75所示，输入圆角的半径像素值，就能绘制出相应的圆角矩形。

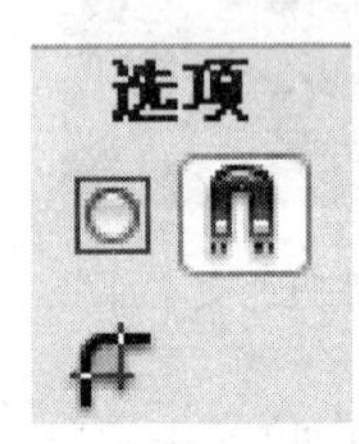

图2—74　选项区域

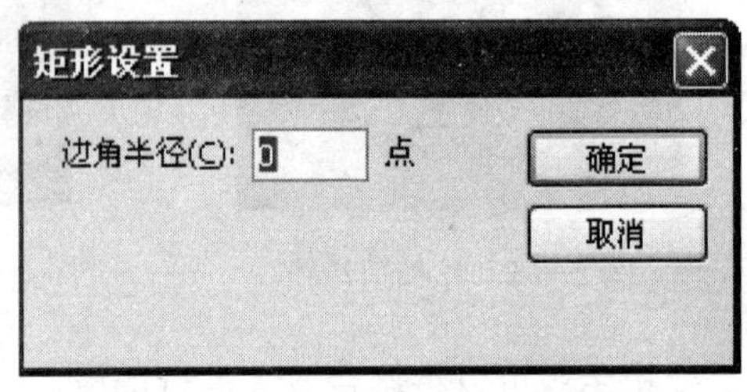

图2—75　【矩形设置】对话框

可以在【边角半径】文本框中输入0～999的数值，数值越小，绘制出来的圆角弧度就越小，默认值为0，即直角矩形。

提示：在绘制过程中，按住Shift键可绘制正方形。

二、对齐面板

Flash提供了用于安排对象的【对齐】面板以及相关的菜单命令。执行【窗口】【对齐】命令，或按Ctrl+K组合键，可以打开【对齐】面板。在【对齐】面板中，按钮上的灰、白方块代表了对象，线条代表了基准点，可以对所选对象应用一个或多个【对齐】按钮。

【对齐】面板提供了18个控制按钮，与【修改】【对齐】子菜单中的命令相互对应。根据各按钮的特点和功能，它们分为五个选项区域，其中各选项区域的功能见表2—2。

表 2—2　　　　【对齐】面板各选项区域的功能

选项区域	按　钮	功　能
【对齐】	包括左对齐、水平对齐、右对齐、上对齐、垂直对齐和底对齐按钮	用于对对象进行水平、垂直、向上、向下、向左、向右对齐
【分布】	包括顶部分布、垂直居中分布、底部分布、左侧分布、水平居中分布和右侧分布按钮	将所选对象按照中心间距或者边缘间距相等的方式进行分布
【间隔】	包括垂直平均间隔和水平平均间隔按钮	用于调整对象间的距离
【匹配大小】	包括匹配宽度、匹配高度及匹配宽度和高度按钮	调整所选对象的大小，使所有对象水平或垂直尺寸与所选最大对象的尺寸一致
【相对于舞台】	包括对齐/相对于舞台分布按钮	使所选对象与舞台对齐

三、对象绘制功能

Flash 8 新增的【对象绘制】功能允许将图形绘制成独立的对象，而且叠加时不会自动合并。分离或重排重叠对象时，也不会改变它们的外形。运用此绘制方法可以将每个图形创建为独立的对象，以便分别进行处理。

【对象绘制】支持的工具有：铅笔、线条、钢笔、刷子、椭圆、矩形和多边形工具。

使用【对象绘制】方法绘制图形时，选择上面的任意一个绘制工具，然后单击工具箱中【选项】区域的【对象绘制】按钮，在舞台上绘制一个图形，图形的周围会添加矩形边框。

【对象绘制】在工具箱选项区域的图标为“◙”。

◆ 实施步骤

1. 新建一个文件，设置文件大小为 300×300 像素，背景颜色为白色，保存为“中国银行标志 . fla”。

2. 单击【椭圆工具】按钮，在【属性】面板中设置笔触颜色为无颜色，填充颜色为红色，如图 2—76 所示。

图 2—76　设置【椭圆工具】的属性

3. 在【选项】区域中选择【对象绘制】按钮。将光标移至舞台上，按住 Shift 键绘制一个正圆，在【属性】面板中设置圆的高度和宽度均为 200 像素，如图 2—77 所示。

4. 单击【窗口】【对齐】命令，或按 Ctrl+K 组合键，打开【对齐】面板，选择【相对于舞台】按钮，将正圆对齐到舞台的中心位置，如图 2—78 所示。

图 2—77　绘制正圆

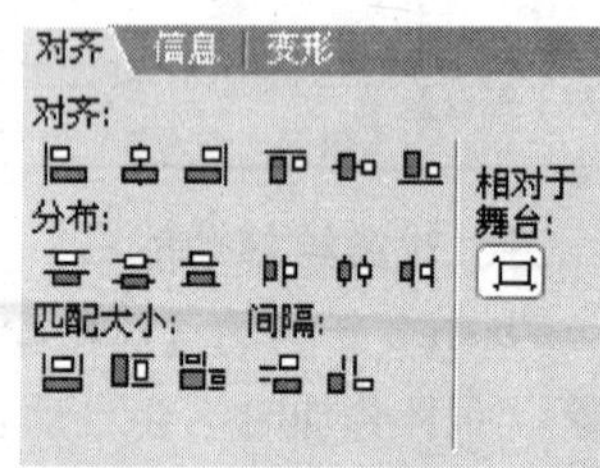

图 2—78　打开【对齐】面板

5. 单击【窗口】【变形】命令，打开【变形】面板，将正圆等比例缩小到原来的 80%，单击【变形】面板左下角的【复制并应用变形】按钮“”，复制缩小后的正圆，如图 2—79 所示。

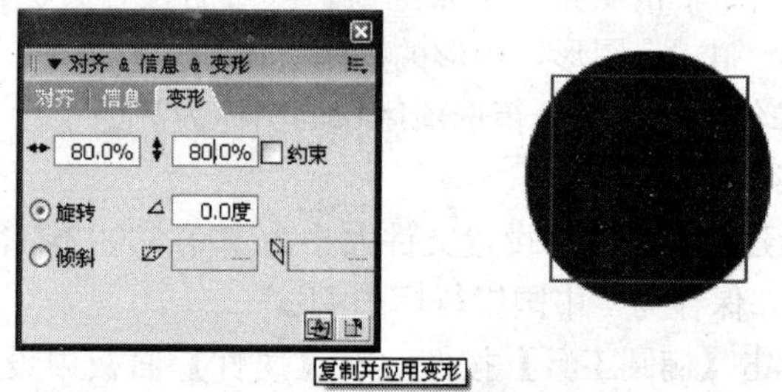

图 2—79　在【变形】面板中将正圆缩小并复制

6. 将两个正圆同时选中，选择【修改】【合并对象】【打孔】命令，对两个正圆进行路径运算，如图 2—80 所示。

7. 选择【矩形工具】，在【属性】面板中设置笔触颜色为无颜色，填充颜色为红色，在舞台上绘制一个宽为 15 像素、高为 160 像素的矩形。

8. 单击【窗口】【对齐】命令，打开【对齐】面板，选择【相对于舞台】按钮，将矩形对齐到舞台的中心位置，如图 2—81 所示。

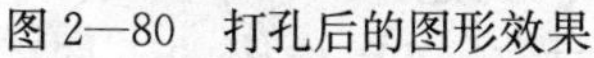

图 2—80 打孔后的图形效果

图 2—81 调整矩形位置

9. 选择【矩形工具】，在【属性】面板中设置笔触颜色为红色（#FF0000），填充颜色为白色，笔触高度为 20。

10. 在【选项区域】下方单击【边角半径设置】按钮“F”，弹出【矩形设置】对话框，设置【边角半径】为 15，如图 2—82 所示。单击【确定】按钮，关闭对话框，在舞台上绘制一个宽为 60 像素、高为 50 像素的矩形。

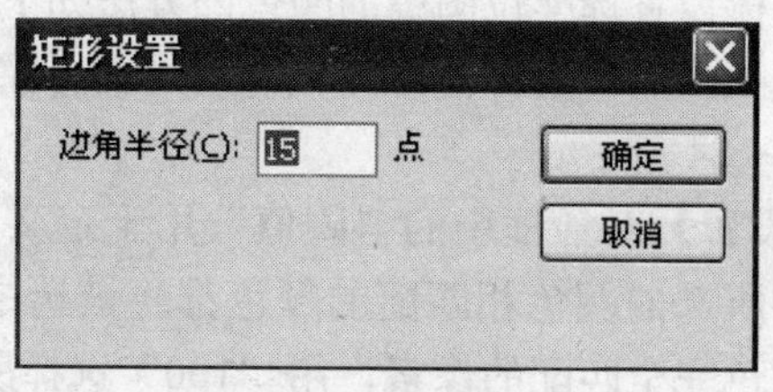

图 2—82 【矩形设置】对话框

11. 在【对齐】面板中，单击【水平居中分布】按钮和【垂直居中分布】按钮，将矩形对齐到舞台的正中心位置，如图 2—83 所示。

12. 按 Ctrl＋Enter 组合键，测试效果并保存文件。

图 2—83 完成的中国银行标志

四、套索工具

套索工具是比较灵活的选取工具，与选择工具不同的是，它能够选取不规则的区域，还可以选择分离后位图的不同颜色区域。

套索工具包括三个附属工具：

1. 魔术棒工具“ ”：根据颜色的差异选择对象的不规则区域。

2. 魔术棒设置“ ”：调整魔术棒工具的设置。

3. 多边形模式“ ”：选择多边形区域及不规则的区域。

使用魔术棒设置选择位图中的颜色的方法如下：

选择套索工具后，选择选项中的“魔术棒设置”，弹出其对话框，如图 2—84 所示。

【魔术棒设置】对话框中的“阈值”用于定义一个范围，在这个范围内与所选的颜色相匹配的颜色都将被选中。用“0”选择与所选的颜色完全匹配的像素，用“100”选择所有的像素。

【魔术棒设置】对话框中的“平滑”用于设置如何处理被选颜色区域的边。

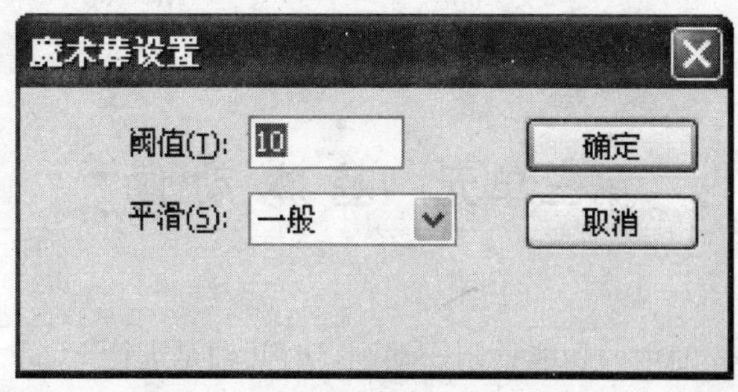

图 2—84 【魔术棒设置】对话框

思考与练习

1. 在 Flash 中，使用的图形可分为________和________两种。

2. 在使用椭圆工具画一个正圆时，应按的键是________。

3. 在 Flash 8 中，有________、________和________三种文本类型。

4. 下列关于编辑图形的说法不正确的是________。

A. 缩放　　B. 旋转

C. 导入　　D. 对齐

5. 按住________键可选择多个对象。

A. Ctrl　　B. Alt

C. Shift　　D. Ctrl＋Alt

6. 如何使用【选择工具】选取多个对象？

7. 【橡皮擦工具】有哪几种擦除模式？

8. 如何排列图形？

9. 使用【多角星形工具】能绘制什么图形？如何使用？

10. Flash 中有哪几种渐变色，它们各有何特点？

第三单元　基本动画

Flash 的主要功能是制作动画，时间轴是进行 Flash 动画作品创作的核心部分。时间轴由图层、帧和播放头等组成，动画影片的进度通过帧来控制。

【时间轴】面板如图 3—1 所示，它可以分为两个部分，即左侧的图层操作区和右侧的帧操作区。在时间轴的上端标有帧号，播放头指示当前帧的位置。在时间轴上，帧是用小格符号表示的，在帧与帧之间可以产生逐帧动画、运动补间动画、形状补间动画等。时间轴中的各项功能见表 3—1。

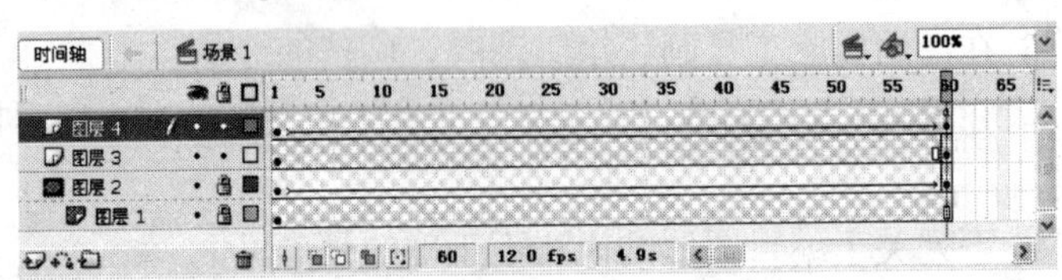

图 3—1　【时间轴】面板

帧频即动画每秒中播放的帧的数目，一个动画的帧频大小将直接影响该动画的输出质量。帧频越大，动画的质量越好。对于一般的动画，Flash 默认帧频为 12 fps。使用“洋葱皮工具”，可以同时显示或编辑多个帧的内容，这样便于对整个动画中的对象进行定位和安排。

帧是构成 Flash 动画的基本单位，帧分为普通帧和关键帧。其中关键帧又分为无内容的空白关键帧和有内容的关键帧。

普通帧也称静态帧，它起着过渡和延长内容显示的功能，在时间轴中普通帧用空心矩形表示，在动画中增加普通帧可延长动画的播放，如果希望动画中的背景始终可见，就可以使用普通帧。

表 3—1　　时间轴中的各项功能

名称	图标	功　能
标题栏	时间轴	显示窗口的标题为时间轴，单击可以隐藏时间轴，扩大工作区
时间轴标尺		每一格代表一帧
帧号	1	帧的序号，每隔 5 帧标注一个序号
帧		包含对象在内的普通帧
播放头	60	拖动播放头，可以显示动画
空白关键帧		不包含对象的帧
帧居中		单击该按钮可以切换时间轴帧，使当前帧位于时间轴可视区的中间位置
洋葱皮工具		可以同时显示动画的多个帧
帧速	12.0 fps	每秒播放的帧速

提示：按 F5 键可以插入普通帧。

每个图层的第 1 帧默认为空白关键帧，在空白关键帧上面创建内容后，空心圆圈变为实心圆圈，此时就变成了关键帧。

提示：空白关键帧没有内容，主要用于在画面与画面之间形成间隔，按 F7 键可以创建空白关键帧。

关键帧是指在动画播放中呈现出关键性动作或内容变化的帧。可以在关键帧之间添加普通帧。关键帧是定义动画的关键因素，该帧的对象与前、后的对象属性均不相同。

1. 创建关键帧

(1) 在时间轴中将鼠标放在需要插入关键帧的地方，单击鼠标右键，在弹出的快捷菜单中选择【插入关键帧】命令即可。

(2) 选择【插入】【时间轴】【关键帧】命令。

(3) 按F6快捷键即可。

提示：在插入关键帧时，如果选择的是空帧，那么普通帧将被加在关键帧前面；如果选择的是普通帧，那么它将转化为关键帧。

2. 复制帧

(1) 在要复制的帧上单击鼠标右键，在弹出的快捷菜单中选择【复制帧】命令。

(2) 选择目标位置，在弹出的快捷菜单中选择【粘贴帧】命令，将复制的帧及内容复制到目标位置，复制后的帧以关键帧的形式显示。

提示：按住Alt键将要复制的帧拖动到复制的目标位置，释放鼠标即可复制帧。

3. 移动帧

(1) 按住鼠标拖曳到需要的目标位置。

(2) 从快捷菜单中选择【剪切帧】，然后在目标位置选择【粘贴帧】。

4. 删除帧

(1) 选中帧，单击鼠标右键，在弹出的快捷菜单中选择【删除帧】。

(2) 按下Shift+F5组合键可以删除帧。

5. 翻转帧

可以将多个帧的播放顺序进行翻转，如将原来从左向右运动的物体变为从右向左运动。

选中帧，单击鼠标右键，在弹出的快捷菜单中选择【翻转帧】命令。

模块一　时间轴动画——横幅广告“电脑学堂”

任务描述

运用时间轴特效，制作横幅广告“电脑学堂”。

利用 Flash 提供的时间轴特效，能让系统自动生成某些特殊动画。时间轴特效可以应用在文本、矢量图形、群组、元件、位图图像、文本和视频等对象上，但这些对象必须位于舞台上。

以分离特效为例，添加时间轴特效的具体操作方法如下：

1. 新建一个文件，按 Ctrl+J 组合键打开“文档”属性对话框，设置文件大小为 300×300 像素，背景颜色为白色。保存为“星形 . fla”。在舞台上绘制一个星形，在“工具设置”对话框中设置星形的顶点大小为 0.1，然后将其选中，如图 3—2 所示。

图 3—2　绘制星形

2. 执行【插入】【时间轴特效】【效果】【分离】命令，弹出【分离】对话框，如图 3—3 所示。

这时 Flash 将创建一个图层，并将对象传输到该图层。对象放置于特效图形内，而且特效所需的所有补间和变形都位于新图层的图形中。该图层将自动获得与特效相同的名称，而且其后会附加一个数字，代表在文档内的所有特效中应用此特效的顺序，如图 3—4 所示。并且具有该特效名称的文件夹将添加到库，它包含创建该特效中所使用的元素。

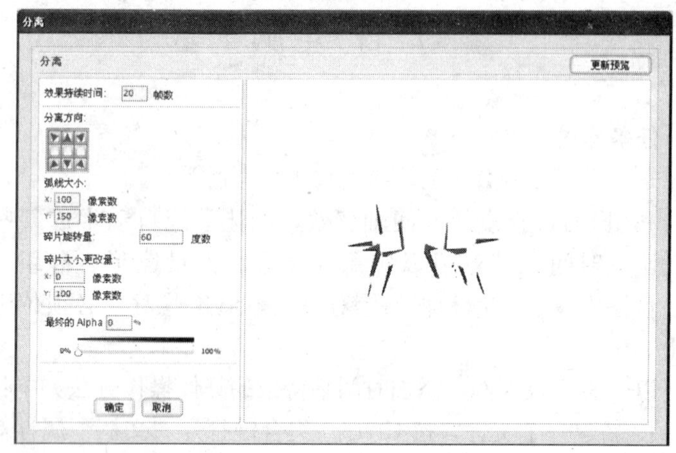

图 3—3　【分离】对话框

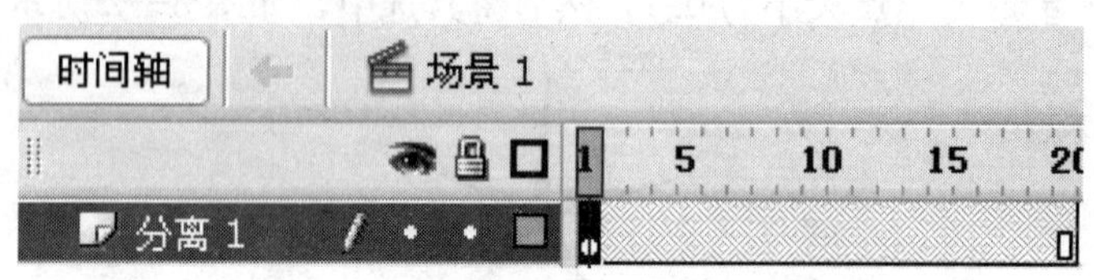

图 3—4　添加了【分离】特效的时间轴和图层

如果要编辑或者删除时间轴特效，可以在舞台上选择与特效关联的对象，然后执行【修改】【时间轴特效】【编辑特效】或【删除特效】命令；还可以在属性检查器中编辑时间轴特效，单击【编辑】按钮，在打开的“特效”对话框中进行重新设置。

◆ **实施步骤**

1. 新建一个文件，按 Ctrl+J 组合键打开“文档”属性对话框，设置文件大小为 505×120 像素，背景颜色为白色。保存为“电脑学堂.fla”。

2. 选择【文本工具】，设置字体为华文行楷，大小为 50，颜色为黑色，然后输入“电脑学堂”，如图 3—5 所示。

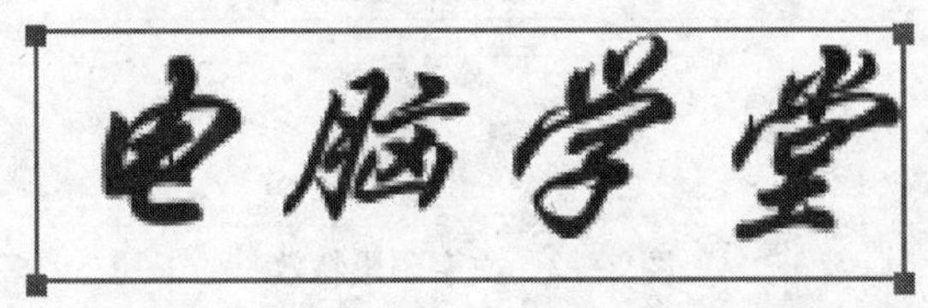

图 3—5　输入“电脑学堂”

3. 右击文字，从弹出的菜单中选择【时间轴特效】【效果】【投影】命令，将投影中的颜色设为灰色（#999999），Alpha 值为 75%，阴影偏移的 X、Y 都为 3 像素，单击【更新预览】按钮观看效果，如图 3—6 所示。单击【确定】按钮，返回场景，如图 3—7 所示。

图 3—6　设置阴影效果

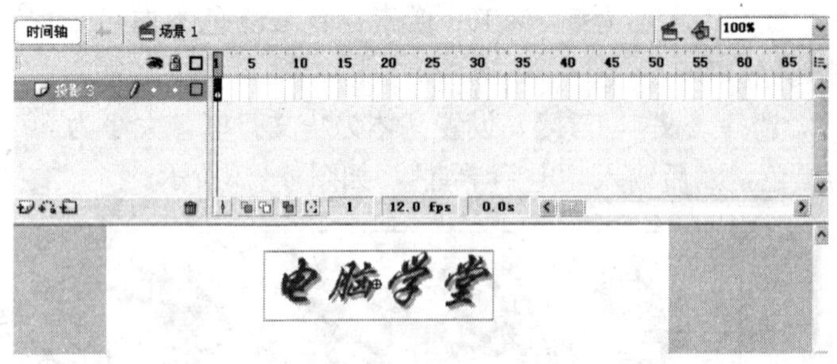

图 3—7　文字阴影特效

4. 选择文字，按 F8 键，将文字转换名称为【电脑学堂】的影片剪辑元件。右击文字，选择【时间轴特效】【效果】【展开】命令，将【效果持续时间轴】设置为 50，方式选择“两者皆是”，碎片偏移设为 300 像素数，单击【更新预览】按钮观看效果，如图 3—8 所示。单击【确定】按钮，返回场景，这时把文字移到场景的一端，文字则在场景中来回移动。

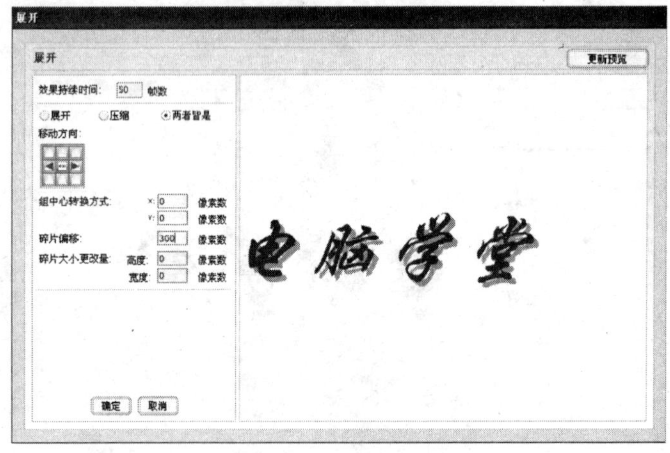

图 3—8　设置展开效果

5. 插入图层，选择【矩形工具】，设置边角半径值为 2，笔触颜色为无色，填充色为红色，绘制一个矩形，在【属性】面板中设置宽为 100、高为 29。

6. 在矩形上右击，从弹出的菜单中选择【时间轴特效】【帮助】【复制到网格】命令，将【复制到网格】选项区域中的【网格尺寸】的行数和列数分别改为 1 和 5，将【网格间距】的行数和列数都改为 1，单击【更新预览】按钮观看效果，如图 3—9 所示。单击【确定】按钮，返回场景。

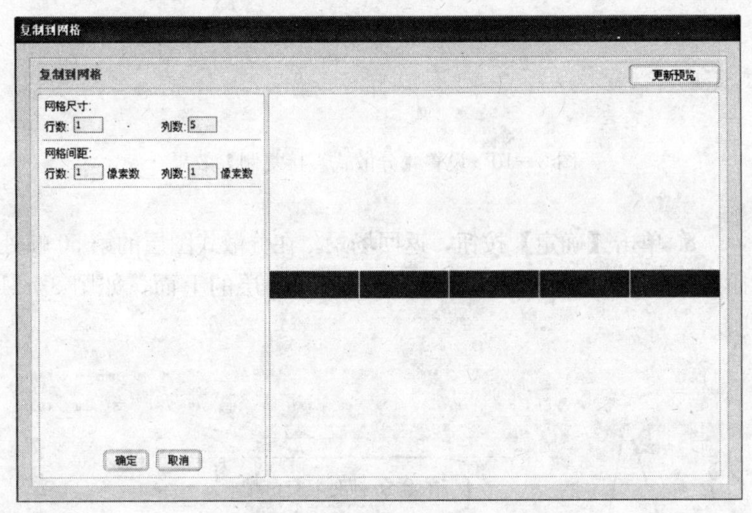

图 3—9 设置【复制到网格】对话框

7. 选择网格，按 F8 键，将元件转换名称为【网格】的影片剪辑元件。右击文字，选择【时间轴特效】【帮助】【分散式直接复制】命令，将【副本数量】设为 3，【偏移距离】的 X 设置为 0、Y 设置为 30，最终颜色为黄色（＃FFCC00），如图 3—10 所示。

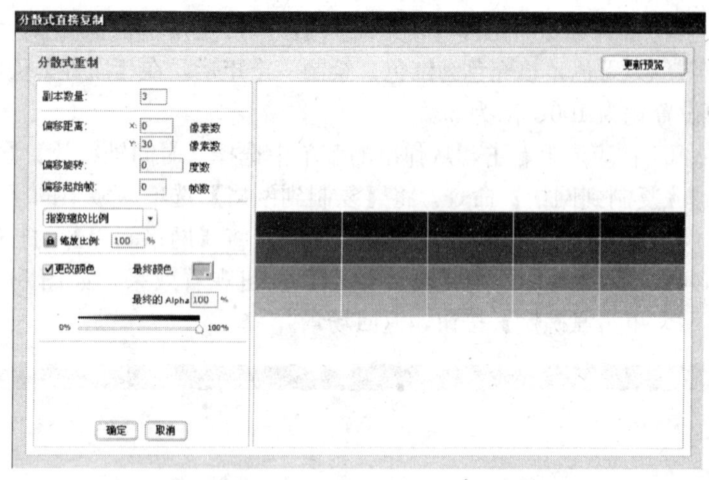

图 3—10 设置【分散式直接复制】效果

8. 单击【确定】按钮，返回场景。在分散式图层的第 50 帧处插入帧，将“展开 3”图层移到分散式图层的上面，如图 3—11 所示。

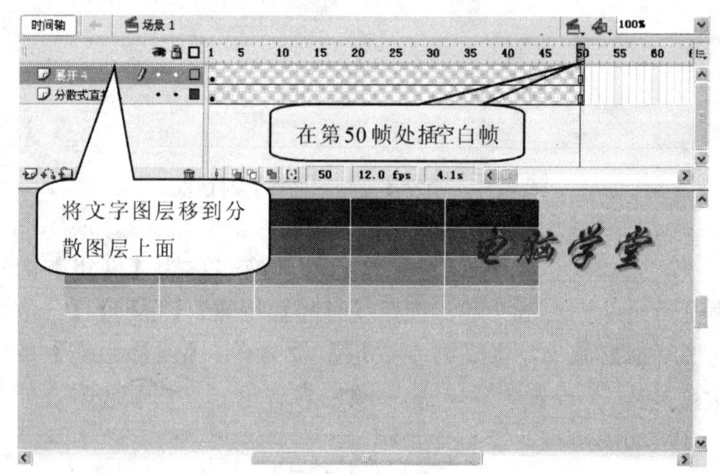

图 3—11 复制网格

9. 插入图层，命名为“烟花”。选择【多角星形工具】，在其【属性】面板中单击选项，在弹出的【工具设置】对话框中，将样式设置为多边形，边数设置为 3，绘制一些大小不一、颜色各异的小三角形，如图 3—12 所示。

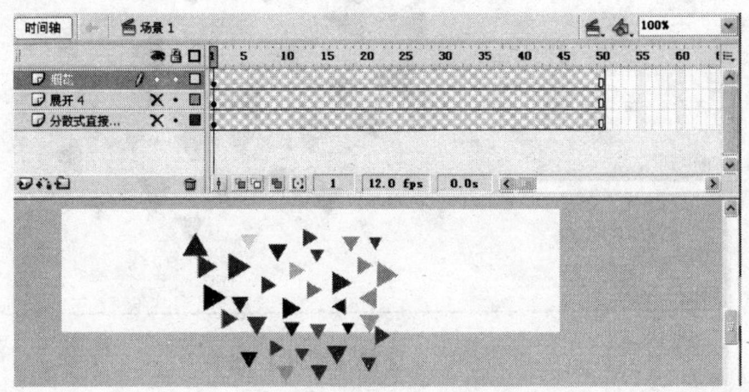

图 3—12　绘制小三角形

10. 选中“烟花”图层，按 F8 键，将元件转换名称为【网格】的影片剪辑元件。右击文字，选择【时间轴特效】【效果】【展开】命令，将【效果持续时间轴】设置为 20 帧数，【碎片偏移】设置为 20 像素数，【碎片大小更改量】的高度和宽度都设置为 20 像素数，单击【更新预览】按钮观看效果，如图 3—13 所示。

11. 单击【确定】按钮，返回场景。“烟花”图层自动命名为“展开 8”，在展开图层的第 51 帧处插入帧，再插入图层，将其重命名为“烟花 1”，将烟花复制到“烟花 1”图层中，在“烟花 1”图层的第 51 帧处插入帧，并将它们移到场景的下端。

12. 将“烟花 1”图层的 1～20 帧转化为空白帧，这样烟花就会错落绽放。选择“展开 3”图层，在第 25 帧插入关键帧，单击关键帧，将【属性】面板中的颜色改为色调，设置为蓝色（＃0021A3)。色彩数量设置为 64％，这样文字在移动时就会改变颜色，如图 3—14 所示。

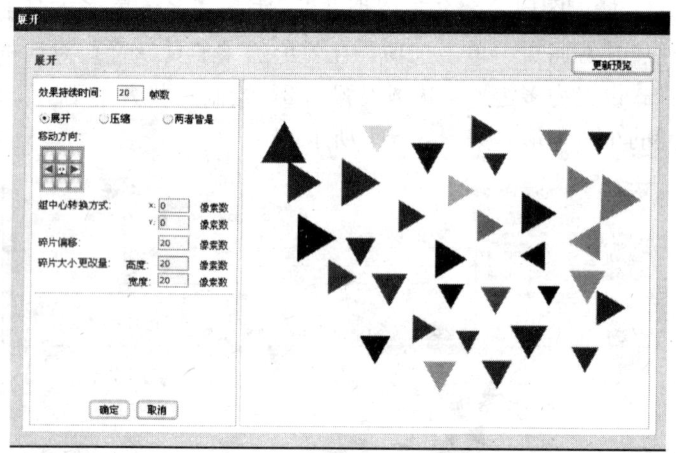

图 3—13　设置【展开】效果

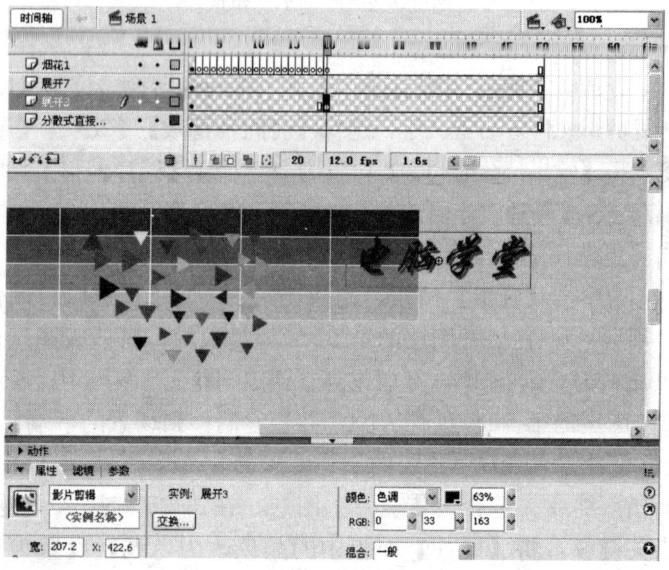

图 3—14　移动文字

13. 按 Ctrl+Enter 组合键，测试效果并保存，效果如图 3—15 所示。

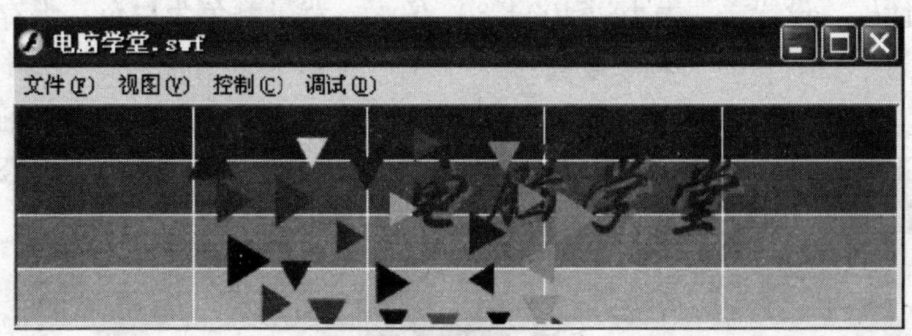

图 3—15 效果图

模块二 逐帧动画——眨眼效果

任务描述

利用“洋葱皮”功能制作眨眼效果。

一、逐帧动画

动画是由一帧一帧的静态图片组成，其中每一张静态图片就是一帧，最基本的编辑动画的方法就是编辑其中的一帧。在同一图层连续的关键帧上绘制或编辑不同的图形对象形成的动画被称为逐帧动画。

逐帧动画是通过修改每一帧中的内容而产生的动画，因此它适合于那些复杂的、每一帧中的图像都有变化的动画，而且这种变化并不仅仅是简单的移动。一方面使逐帧动画非常灵活、细腻，几乎可以表现任何想表现的动画效果；另一方面，因为 Flash 需要存储每一个完整的帧，所以逐帧动画需要较大的工作量，同时将显著增加文件量。在逐帧动画中，Flash 会保存每个完整帧的值。

◆ **实施步骤**

1. 新建一个文件，按 Ctrl+J 组合键，打开“文档”属性对话框，设置文件大小为 400×300 像素，背景颜色为白色。保存为“眨眼 .fla”，帧频设置为 30 fps。

2. 使用【线条工具】【选择工具】【椭圆工具】和【颜料桶工具】绘制如图 3—16 所示的图形，然后选中图形后，按 F8 键，将其转换为图形元件，命名为“眼睛”。

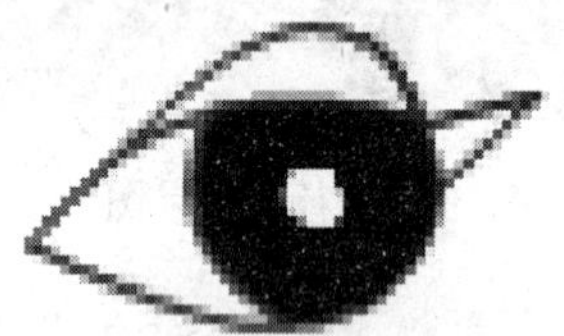

图 3—16 眼睛的绘制

3. 分别在第 25 帧和第 26 帧按 F6 键，插入关键帧。

4. 选择第 26 帧，单击【洋葱皮工具】按钮，启动“洋葱皮”功能。然后选择【任意变形工具】，等宽缩放图形，并移动图形的位置，使两个关键帧图形的眼角对齐，如图 3—17 所示。

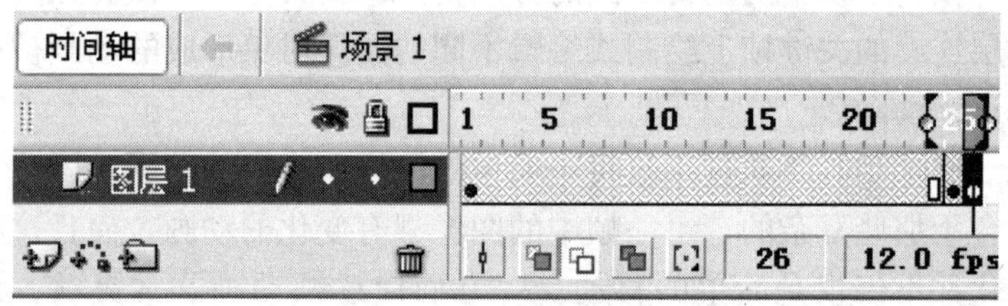

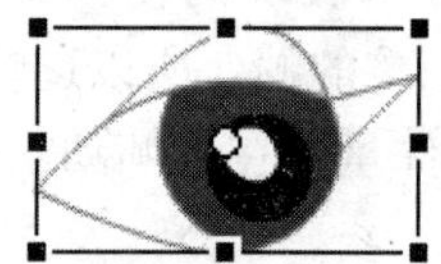

图 3—17 启动“洋葱皮”功能

5. 单击第 27 帧，插入关键帧，选择【任意变形工具】，等宽缩放图形，并移动图形的位置。

6. 重复步骤 5，分别在第 28～33 帧插入关键帧，等宽缩放图形，使眼睛慢慢变小。

7. 首先单击第 34 帧，按 F7 键，插入空白关键帧。绘制图形，如图 3—18 所示。按 F8 键，将其转换为图形元件，命名为“闭眼”。然后单击第 35 帧，按 F5 键，插入帧。

图 3—18　绘制闭眼

8. 按 Ctrl＋Enter 组合键，测试效果并保存。

二、补间动画

逐帧动画并不能充分体现 Flash 的真正特点，Flash 的特色在于关键帧动画，也就是补间动画。补间动画是创建随时间轴移动或更改的动画的一种有效方法，并且最大限度地减小了所生成的文件大小。制作补间动画，主要是制作动画的起始关键帧和终止关键帧，起始关键帧和终止关键帧之间的动画由 Flash 自动生成。在补间动画中，Flash 只保存在帧之间更改的值。

根据生成原理不同，可以分为补间动作动画、补间形状动画和补间色彩动画三种。

1. 创建补间动作动画

可以在一帧中定义实体、组或者文本块的位置、大小和旋转等属性，然后在另一帧中改变这些动画，还可以创建沿路径应用补间动作。

2. 创建补间形状动画

可以在一帧中绘制一个形状，然后在另一帧中更改该形状或绘制另一个形状，Flash 会内插二者之间的帧的值或形状来创建动画。

3. 创建补间色彩动画

可以在不同帧上改变实例颜色或亮度得到动作补间动画。

模块三　动作补间——飞飞镖

任务描述

飞镖从右侧加速飞入，投射到左侧镖盘上，停顿一小段时间后脱落。

先制作没有镖盘的“飞飞镖 1. fla”，然后进阶完成带有镖盘的“飞飞镖 2. fla”。

运动动画是 Flash 动画的重要组成部分，几乎所有的动画都含有运动动画。运动动画通过设置首尾两帧关键帧的对象属性，让系统生成中间的“补间”来达到运动的效果。

运动补间动画是构成 Flash 动画的基础，几乎任何一个 Flash 动画作品中，都包含动作补间动画。

制作动作补间动画时，两个关键帧上的对象可以是元件实例，也可以是文本、位图、群组、绘制对象等，但不能是分散的矢量图形。

提示：两个关键帧上必须是同一对象才能创建动作补间动画，而且，同一图层上的每个关键帧中只能有一个对象；补间动画只能在同一图层的两个关键帧之间创建。

创建动作补间动画的方法：

1. 在动画开始播放的地方创建或选择一个关键帧并设置一个对象，在动画要结束的地方创建一个关键帧并重新设置对象，再单击两个关键帧之间的任意一帧，选择【插入】【时间轴】【创建补间动画】命令；或单击鼠标右键，选择【创建补间动画】选项；或在【属性】面板“补间”的下拉列表中选择“动画”选项，即可创建动作补间动画。

2. 创建动作补间动画后，在时间轴中选中相关的图层就会激活【属性】检查器选项。

（1）帧：可以给选中的帧加上标签名。

（2）补间：包含无、动画和形状，此时为动画。

（3）缩放：当两个关键帧上对象大小不同时，该选项可使对象在动画中按比例进行缩放。

（4）缓动：通过在“缓动”文本框中输入一个值，可调整运动补间的变化速度，如果希望动画由慢变快，可以将其设置为一个负数，范围为－100～－1；如果希望动画由快变慢，可以将其设置为一个正数，范围为1～100。默认情况下，缓动值为0，表示动画匀速变化。

（5）旋转：要在动画中旋转对象，可在“旋转”下拉列表中选择适当选项，这些选项的作用分别是：“无”表示禁止旋转；“自动”表示由手工设置旋转，即根据用户在舞台中的设置旋转；“顺时针”表示让对象顺时针旋转；“逆时针”表示让对象逆时针旋转。旋转次数是指对象从一个关键帧到另一个关键帧时旋转的次数，360°为一次。

（6）调整到路径和对齐：在制作引导路径动画时使用。

（7）同步：使图形元件实例中的动画和主时间轴同步。

提示：在两个关键帧之间创建动作补间动画后，两个关键帧之间的背景变为淡紫色，在起始帧和结束帧之间有一个长长的箭头，如图3—19所示。如果补间被打断或不完整，则箭头变为虚线，如图3—20所示。

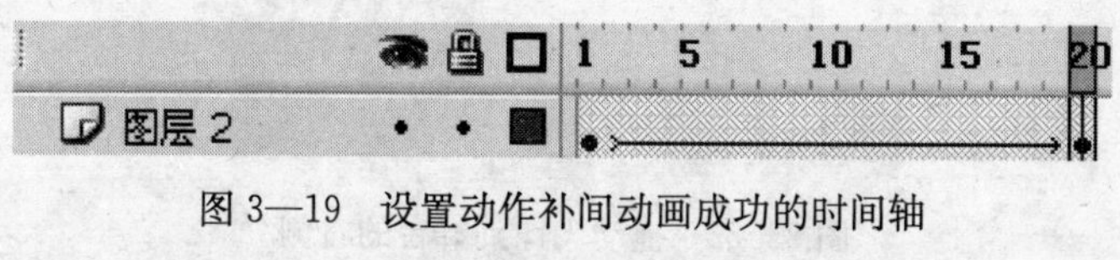

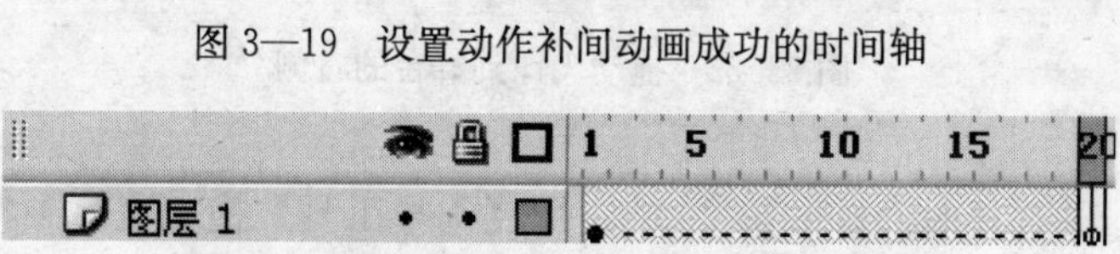

图3—19　设置动作补间动画成功的时间轴

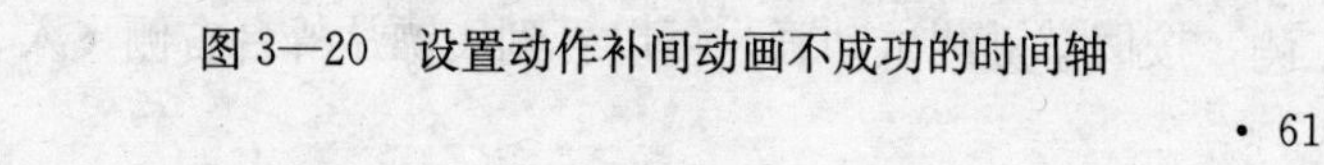

图层 1

图3—20　设置动作补间动画不成功的时间轴

如果关键帧上的对象不是元件实例，则 Flash 会自动将对象转换为元件实例，并命名为“补间 1”“补间 2”……

飞飞镖 1　◆ 实施步骤

1. 新建一个文件，设置文件大小为 400×300 像素，背景颜色为白色。保存为“飞飞镖 1. fla”，帧频设为 12 fps。

2. 将事先做好的飞镖元件从【库】面板拖曳到舞台上。

3. 选择时间轴的第 20 帧，按 F6 功能键插入一帧关键帧，选择第 1 帧，单击鼠标右键，在弹出的快捷菜单中选择【创建补间动画】，此时时间轴如图 3—21 所示。

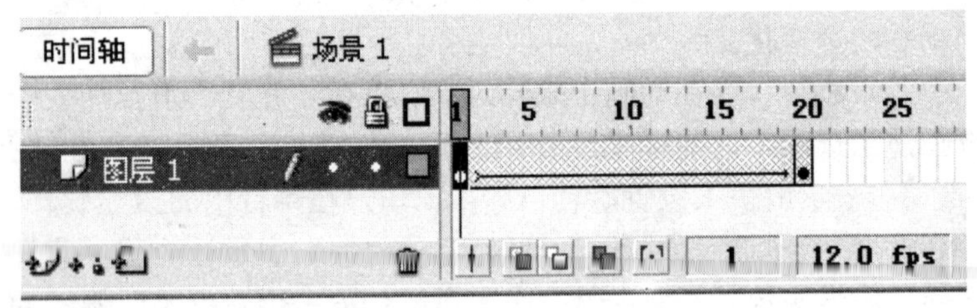

图 3—21　创建补间动画后的时间轴

4. 选择时间轴的第 1 帧，用【选择工具】拖曳飞镖到舞台的右侧，如图 3—22 所示。

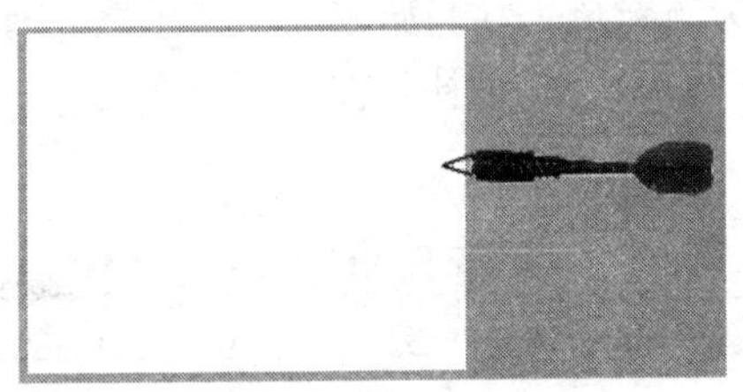

图 3—22　拖动飞镖到舞台的右侧

5. 选择时间轴的第 20 帧，用【选择工具】拖曳飞镖到舞台的左侧，按回车键测试动画，可以看到飞镖从舞台右侧飞入、从舞台左侧飞出的动画效果。

提示：在用【选择工具】移动对象时，同时按住 Shift 键，可以保证对象在水平或垂直方向上移动。

6. 按 Ctrl＋L 组合键打开 Flash【库】面板，可以看到里面多了一个元件。

7. 按 Ctrl＋Enter 组合键，测试效果并保存。

飞飞镖 2　◆ 实施步骤

1. 新建一个文件，设置文件大小为 800×600 像素，背景颜色为白色。保存为“飞飞镖 2. fla”，帧频设为 24 fps。

2. 在时间轴的第 1 帧，将事先做好的镖盘元件从【库】面板拖曳到舞台上。双击图层，命名为“镖盘”，如图 3—23 所示。

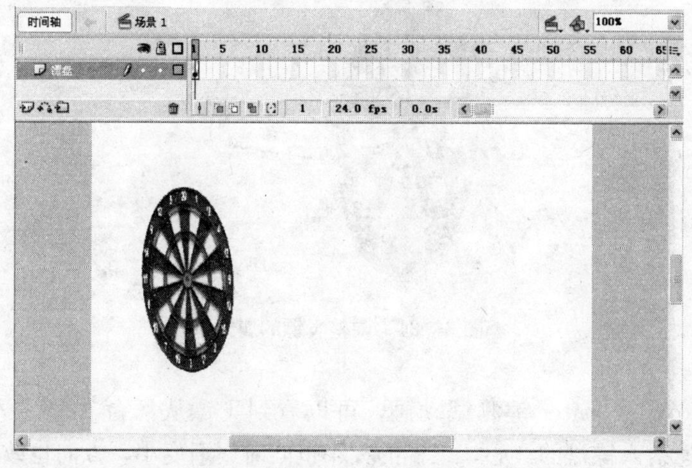

图 3—23　插入镖盘

3. 单击“插入图层”按钮，将图层 2 命名为“飞镖”。

4. 打开刚才制作的“飞飞镖 1”的动画文档，选择舞台上的飞镖，按 Ctrl＋C 组合键复制，然后切换到当前“飞飞镖”的动画文档，按 Ctrl＋V 组合键粘贴到舞台上，并用鼠标将其拖曳出到舞台右侧。

5. 选择“飞镖”图层的第 18 帧，按 F6 键插入关键帧，选择第 1 帧，单击鼠标右键，在弹出的快捷菜单中选择【创建补间动画】。

6. 选择“镖盘”图层的第 18 帧，按 F5 键插入帧。

7. 选择“飞镖”图层的第 18 帧，用【选择工具】移动飞镖至镖盘的红心处，然后选择【任意变形工具】，将飞镖适当缩小并旋转，使其与镖盘垂直，如图 3—24 所示。

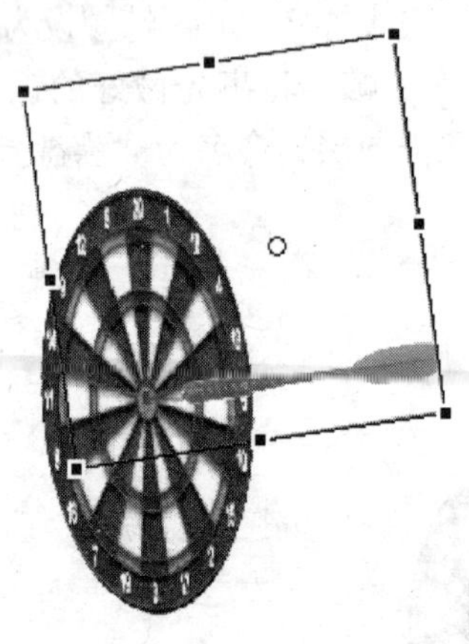

图 3—24　调整飞镖的属性

8. 按 Enter 键测试动画，可以看到飞镖从舞台右侧飞入，匀速射入镖盘的红心，飞镖的大小也同时逐渐变小，方向也改变到适当位置。

9. 选择“飞镖”图层的第 1～17 帧的任意一帧，打开【属性】面板，将“缓动”值设置为“—100”，如图 3—25 所示。

10. 按 Enter 键测试动画，可以看到飞镖从舞台右侧加速飞入，投射到镖盘的红心上。

11. 首先，右击“飞镖”图层的第 18 帧，在弹出的菜单中选择【删除补间】命令；然后选择该图层的第 43 帧，按 F6 键插入关键帧，用鼠标右键单击选择【创建补间动画】命令；接着在“镖盘”图层的第 43 帧按 F5 键插入帧，此时时间轴如图 3—26 所示。

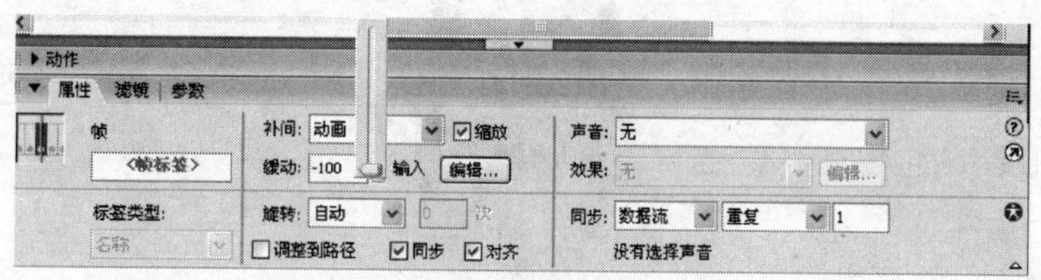

图 3—25　设置“缓动”值为“－100”

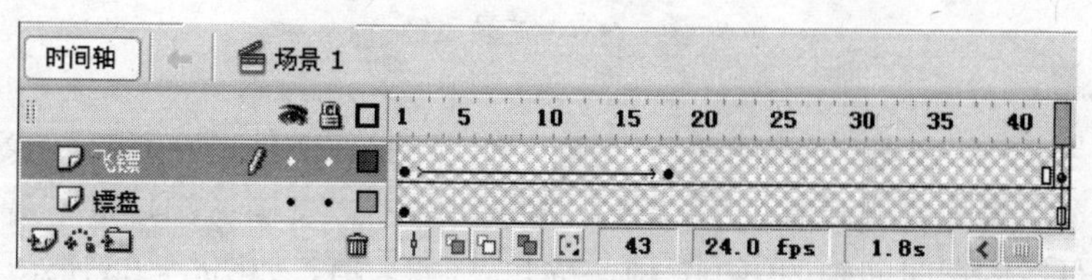

图 3—26　时间轴窗口

12. 选择“飞镖”图层的第 43 帧，使用【任意变形工具】选中飞镖，移动鼠标至飞镖中心，当鼠标变形时，按住鼠标左键并拖曳飞镖中心点至镖尖处。

13. 先在“镖盘”图层的第 60 帧按 F5 键插入帧，再选择“飞镖”图层的第 60 帧按 F6 键插入关键帧，然后用【任意变形工具】将飞镖绕镖尖顺时针旋转约 90°，如图 3—27 所示。

14. 使用同样的方法在时间轴的第 62 帧将“飞镖”再逆时针旋转一个很小的角度，形成飞镖旋转落下碰到镖盘又稍稍弹起一点儿的动画效果。

15. 先在时间轴“飞镖”图层的第 87 帧上插入关键帧，再使用【选择工具】将飞镖拖曳到舞台下侧，然后选择时间轴的第

62～86 帧，在【属性】面板中，将“缓动”值设置为“－100”，模拟加速下落的动画效果。

图 3—27　旋转飞镖

16. 首先，右键单击“飞镖”图层的第 87 帧，在弹出的菜单中选择【删除补间】命令；再分别选中“飞镖”图层和“镖盘”图层时间轴的第 110 帧，按 F5 键插入帧，如图 3—28 所示。

17. 按 Ctrl＋Enter 组合键，测试效果并保存。

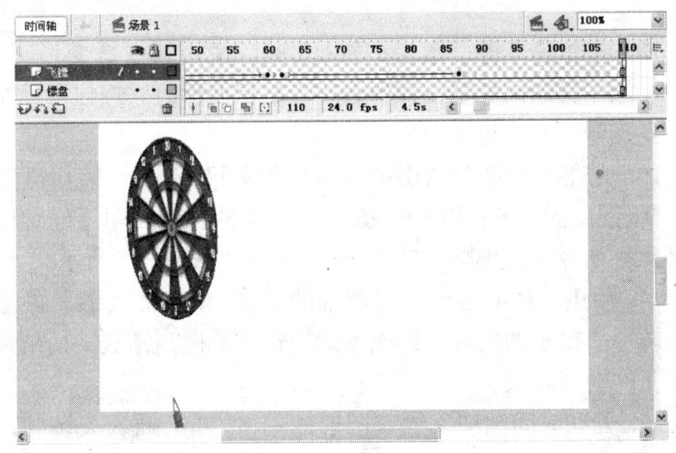

图 3—28　最终的舞台

模块四　形状补间——航行的小帆船和折纸效果

任务描述

要求制作小船航行时，帆张起，船移动的动画效果。

一、形状补间动画

形状补间动画是指一个图形变成另一个图形的动画效果，例如一个苹果变成一个橘子，或一个文字变成一个图形。

形状补间动画可以实现两个图形之间颜色、形状、大小、位置的相互变化，其强调的是形状变化，而动作补间动画强调的是动作变化，例如可以使用形状补间动画制作火焰效果，而动作补间动画便不能制作。

形状补间动画只能针对分散的矢量图形，如果使用图形元件、按钮、文字、组合等，则需要先将它们分离成图形才能创建形状补间动画。

要创建形状补间动画，需要在动画开始播放的地方创建或选择一个关键帧，并设置一个要变形的图形，在动画要结束的地方创建一个关键帧，改变图形的形状或颜色，或重新设置图形，再单击两个关键帧之间的任意一帧，选择【插入】【时间轴】【创建补间动画】命令；或单击鼠标右键，选择【创建补间动画】选项；或在【属性】面板“补间”的下拉列表中选择“形状”选项，即可创建形状补间动画。

创建形状补间动画后，在时间轴中选中相关的图层就会激活【属性】面板的选项。其中“帧”“补间”“缓动”选项在前面介绍过，“混合”下拉列表中有两个选项，它们的作用如下：

分布式：可以使开头的变化更为平滑，使中间帧的形状过渡得更加随意。

角形：使得形状在变化的过程中保持其外观的边角直线，对于具有较显著的尖锐棱角的形状来说，角形更为合适。

提示：在两个关键帧之间创建形状补间动画后，两个关键帧之间的背景变为淡绿色，在起始帧和结束帧之间有一个长长的箭头，如图 3—29 所示。如果箭头变为虚线，则说明制作不成功，原因可能是某个关键帧上的图形没有被分离，如图 3—30 所示。

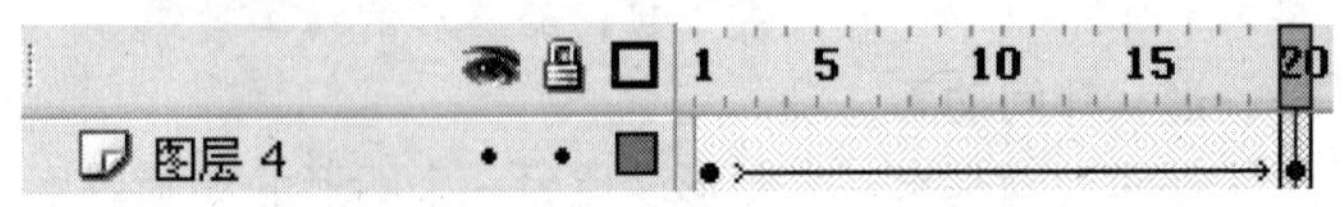

图 3—29　设置形状补间动画成功的时间轴

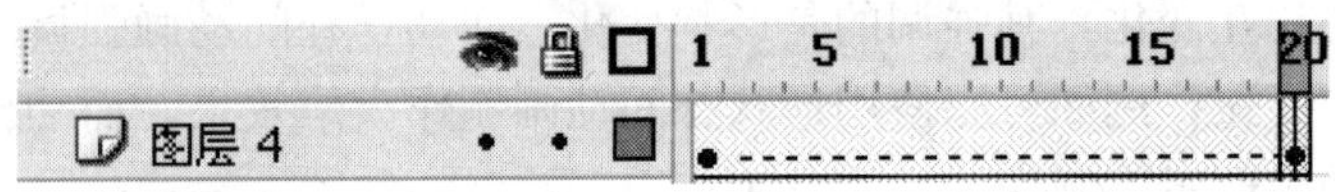

图 3—30　设置形状补间动画不成功的时间轴

提示：要对文本应用形状补间，必须将文本分离两次，这样才能将文本转换为对象。

◆ **实施步骤**

1. 新建一个文件，设置文件大小为 550×400 像素，背景颜色为白色，保存为“航行的小帆船 . fla”。

2. 新建影片剪辑元件“小船”。然后使用【线条工具】【选择工具】和【颜料桶工具】，绘制如图 3—31 所示的图形。

3. 新增图层 2，绘制如图 3—32 所示的图形。

4. 新增图层 3，绘制如图 3—33 所示的图形。

5. 单击图层 1 的第 10 帧，按 F5 键插入空白帧，然后分别单击图层 2 和图层 3 的第 9、第 10 帧，按 F6 键插入关键帧。

6. 单击图层 2 的第 4 帧，按 F6 键插入关键帧。选择【任意变形工具】的封套按钮“ ”，改变图形的形状，如图 3—34 所示。

图 3—31　小船的绘制

图 3—32　帆的绘制（一）

图 3—33　帆的绘制（二）

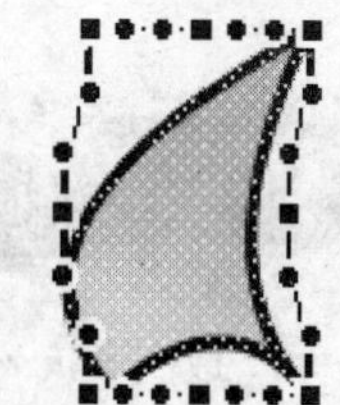

图 3—34　调整图形

7. 单击图层 2 的第 5 帧，按 F6 键插入关键帧。然后分别单击图层 2 的第 1 帧和第 5 帧，打开【属性】面板设置补间为形状，创建变形效果。

8. 重复步骤 6、步骤 7，以同样的方法改变图层 3 中图形的形状，如图 3—35 所示，制作动画效果。

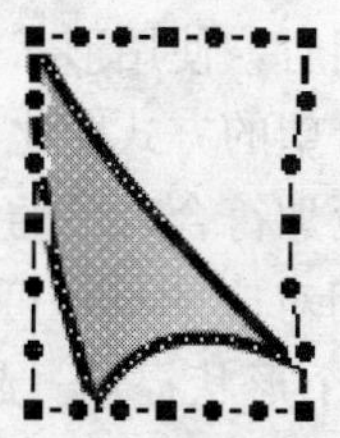

图 3—35　调整图形

9. 新建影片剪辑元件“水花”。然后设置填充颜色为深浅不一的蓝色，选择【刷子工具】绘制如图 3—36 所示的图形，然后再分别单击第 2、第 3、第 5 帧，按 F6 键插入关键帧。改变图形形状，效果如图 3—37、图 3—38 和图 3—39 所示，最后再单击第 6 帧，按 F5 键插入帧，返回主场景。

图 3—36 水花的绘制

图 3—37 改变形状（一）

图 3—38 改变形状（二）

图 3—39 改变形状（三）

10. 将影片剪辑元件“小船”从库中拖到舞台中央，新增图层 2，将库中的影片剪辑元件“水花”拖入舞台，选择【任意变形工具】，调整大小后放在适当的位置。

11. 按 Ctrl+Enter 组合键，测试效果并保存。

任务描述

运用形状提示功能完成折纸效果。

二、折纸

在创建形状补间动画时，使用形状提示动能，可以控制形状变化，使形状按照自己希望的方式变化。形状提示会使动画变形的过程变得更加细腻，更加符合自己的要求。形状提示会标识起始形状和结束形状中的相对应的点，可以用从 a～z 的字母进行标识，最多能够使用 26 个形状提示。起始关键帧上的形状提示是黄色的，结束关键帧上的形状提示是绿色的，当不在一条曲线上时为红色。

当使用形状提示时，如果要查看所有形状提示，可以执行【视图】【显示形状提示】命令或按 Ctrl＋Alt＋H 组合键，切记只有包含形状提示的层和关键帧处于当前状态时，此选项才可用。如果要删除形状提示，可以直接将其拖离舞台或者选择【修改】【形状】【删除所有提示】命令。

◆ **实施步骤**

1. 新建一个文件，设置文件大小为 300×300 像素，背景颜色为白色，保存为“折纸 . fla”。

2. 选择【矩形工具】，在舞台上绘制一个矩形，单击第 20 帧，按 F6 键插入一个关键帧，用鼠标拖曳正方形的左上角到中央，成为一个三角形，在第 1 帧和第 20 帧之间创建形状补间动画，如图 3—40 所示。

3. 按 Shift＋Ctrl＋H 组合键分别在左下角、右上角、右下角按 a，b，c 的顺序添加【形状提示】，在第 20 帧放置【形状提示】的位置与第 1 帧相同，如图 3—41 所示。

图 3—40　加入形状提示

图 3—41　形状提示的顺序

4. 在第 25 帧和第 45 帧分别插入关键帧，单击第 45 帧，向下拖动三角形的顶角，使其变形为细长三角形，然后在【属性】面板【补间】下拉列表中选择“形状”。按 Shift＋Ctrl＋H 组合键添加第三个【形状提示】，第 25 帧和第 45 帧放置的【形状提示】分别如图 3—42、图 3—43 所示的位置。

5. 按 Ctrl＋Enter 组合键，测试动画并保存。

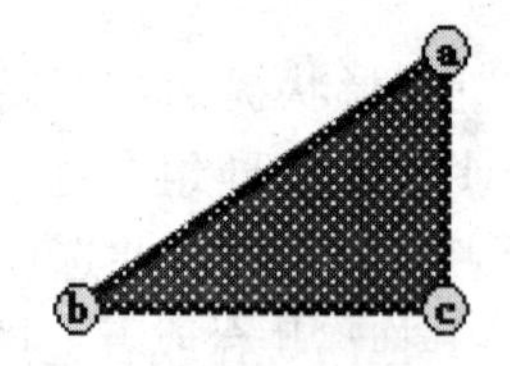

图 3—42　第 25 帧加入形状提示

图 3—43　第 45 帧加入形状提示

模块五　色彩动画

任务描述

改变不同关键帧上元件实例的透明度、颜色和亮度等，制作淡入淡出且发光的动画效果。

一、色彩动画

色彩动画是对关键帧动画、形变动画和运动动画的总结。所谓色彩动画，指的是关键帧动画、形变动画和运动动画在制作过程中的色彩变化。

在色彩动画的制作过程中，除了可以将图形设置为单一的颜色，也就是纯色以外，还可以将图形设置为无色、线形渐变、点状渐变等，另外，还可以通过对图形的 Alpha 属性的设置以及明暗度的调整，来展现出更加丰富的色彩。

◆ 实施步骤

1. 新建一个文件，设置文件大小为 400×300 像素，背景颜色为蓝色，保存为“亮度 . fla”。

2. 将图片“吉祥物 1”导入到舞台上，适当改变大小，并按 F8 键将其转换为实例，命名为“吉祥物 1”。将实例“吉祥物 1”放在舞台左侧外。

3. 在第 5 帧插入关键帧，将该帧的实例“吉祥物 1”平移到舞台中部，在第 14 帧插入关键帧。用【选择工具】选中该关键帧上的实例，在【属性】面板中设置颜色为“亮度”并将其设置为 60%。

提示：亮度的值可设置为 0%～100%之间，百分比大于 0 时，亮度会在原图基础上随百分比增大而增加；百分比小于 0 时，亮度会在原图基础上随百分比逐渐减小。

4. 在第 17 帧插入关键帧，将该帧上的“吉祥物 1”移到舞台外，之后在各关键帧之间创建补间动画，最后预览动画如图 3—44 所示。

图 3—44 效果图

二、改变实例的颜色

◆ 实施步骤

1. 新建一个文件，设置文件大小为 400×300 像素，背景颜色为蓝色，保存为“色彩动画 . fla”。

2. 将图层 1 重命名为“亮度”，新建一个图层，命名为“颜色”。

3. 在颜色层第 16 帧插入关键帧，将图片导入到舞台，适当缩放图形，并将其转换为实例，命名为“颜色 2”，然后将其移到舞台上侧，如图 3—45 所示。

4. 在第 19 帧插入关键帧，将该帧上的“颜色 2”实例下移，如图 3—46 所示。

图 3—45　将实例移到舞台上侧

图 3—46　将实例下移

5. 在第 34 帧插入关键帧，用【选择工具】选中该关键帧上的实例，在【属性】面板中设置颜色为“色调”，选择紫色，饱和度设为 60%，如图 3—47 所示。

提示：颜色饱和度即是颜色透明度，当颜色饱和度为 100% 时，会完全覆盖实例。

6. 在第 49 帧插入关键帧，将该帧上的实例颜色设为黄色，饱和度为 80%；在第 52 帧插入关键帧，将该帧上的实例颜色设为蓝色，饱和度为 60%，并将该帧上的“颜色 2”实例下移到舞台外，如图 3—48 所示。

图 3—47　设置关键帧颜色

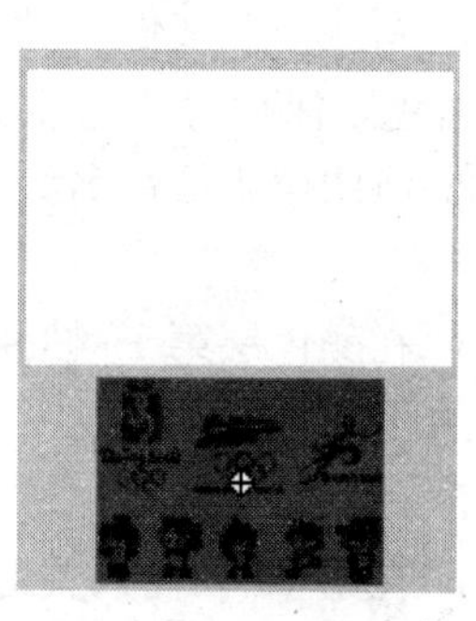

图 3—48　移动实例

7. 按 Ctrl+Enter 组合键，测试效果并保存。

模块六　引导层动画——蜜蜂采蜜的制作

任务描述

对象运动的路线往往会有一定变化，使用引导层可以解决路线变化的问题。

在制作 Flash 动画时，图层起着重要作用，了解图层并熟悉有关图层的操作是很有必要的。

1. 图层的作用和类型

Flash 中图层主要有以下几个作用：

（1）每个图层都有独立的时间帧，用户可在一个图层中绘制或编辑对象，而不会影响其他图层中的对象。

（2）因为每个图层都有独立的时间轴，这样便可以组织比较复杂的动画。

（3）利用某些特殊的图层可以制作一些特殊的动画效果。例如，利用引导层制作引导动画，利用遮罩层制作遮罩动画。

Flash 中图层主要有以下几种类型：

（1）普通图层：新建 Flash 文档后，默认情况下已有一个普通图层，其标志为“”，它是最常用的图层。

（2）引导图层：用来引导其下面的图层，引导图层的标志为“”。

（3）遮罩图层：用于遮罩被遮罩图层上的图形，遮罩图层的标志为“”，被遮罩图层的标志为“”。

2. 图层的基本操作

（1）创建图层的方法。要创建一个新图层，可单击【时间轴】控制面板中左下角的【插入图层】按钮，如图 3—49 所示；或选择【插入】【时间轴】【图层】菜单；还可以右击时间轴中的

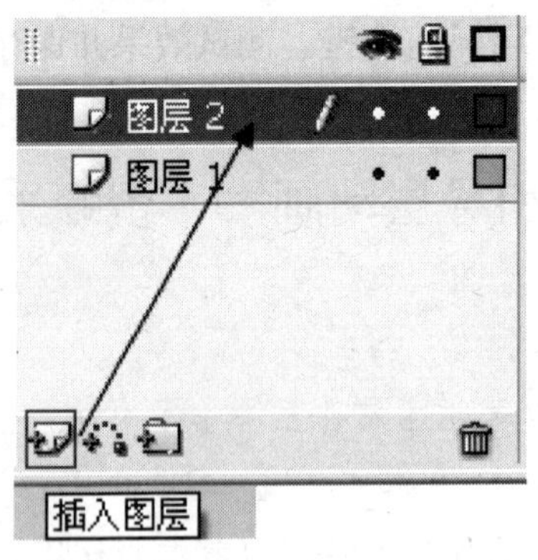

图 3—49 创建新图层

图层，选择【插入图层】命令来创建图层。

提示：当时间轴中有多个图层时，新建的图层位于当前被选择的图层之上，所以在创建图层前，可以根据需要单击选中某图层，以使新图层位于该图层之上，如图 3—50 所示。

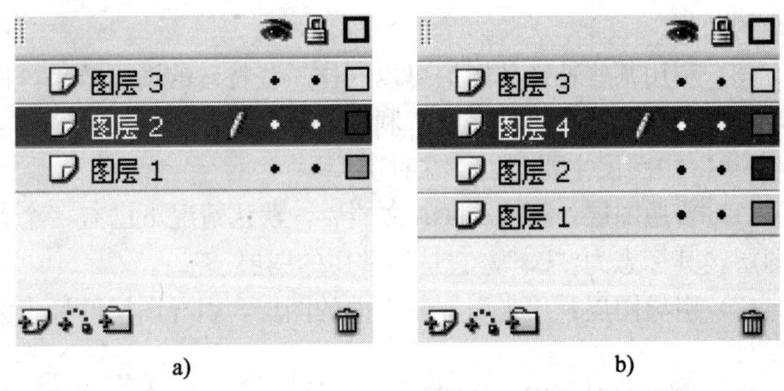

图 3—50 创建图层

a）单击选中图层 b）新建图层位于被选图层之上

（2）选取图层。在 Flash 中制作动画时，常常需要对图层进行复制、移动、删除和重命名等操作，在进行这些操作之前，都需要先选中图层，下面是选择图层的具体操作方法：

1）选择单个图层：单击时间轴的图层名称或图层的某一帧可选择单个图层。当单击图层名称时，会同时选中该图层上的所有时间帧。

2）选择相邻图层：单击图层名称选中图层后，按住 Shift 键，单击另一个图层名称，可同时选中这两个图层之间的所有图层。

3）选择不相邻图层：按住 Ctrl 键，单击需要选择的图层名称，可同时选中多个不相邻的图层。

提示：如果需要取消多个图层中的某一个图层，按住 Ctrl 键单击该图层，即可取消。

（3）删除图层。当不需要某图层上的内容时可以删除图层。选择图层后，可使用下面几种方法删除图层：单击时间轴图层区域底部的【删除图层】按钮“🗑”；单击并拖动到【删除图层】按钮“🗑”上；在图层上单击右键，选择【删除图层】命令。

（4）重命名图层。新建图层后，会自动生成一个名称，如“图层 1”“图层 2”，为了方便识别图层中的内容，最好为图层重新取一个与其内容相符的名称。方法是在要重命名的图层名称上双击，输入新的图层名称（见图 3—51）后按 Enter 键确认即可。

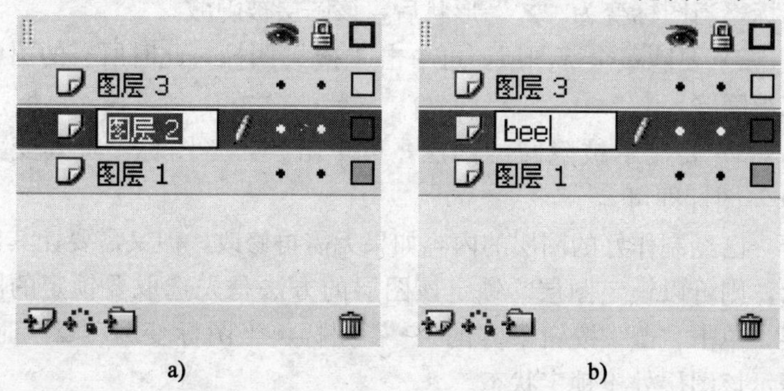

a)　　　　b)

图 3—51　重命名图层

a）双击图层　b）输入新的图层名称

（5）复制图层。在制作动画时，如果两个图层中的内容很相似，则可以在一个图层中制作动画，然后将该图层中的内容全部复制到另一个图层中，再进行一些适当的修改便可以使用了。复制图层的具体操作是：选择要复制的图层，在菜单栏中选择【编辑】【时间轴】【复制帧】命令，复制该图层的所有帧；然后选取要粘贴内容的图层，在菜单栏中选择【编辑】【时间轴】【粘贴帧】命令，将复制的帧的内容粘贴到图层中。

（6）移动图层。移动图层是指调整图层间的顺序，以改变场景中各个对象的叠放次序。Flash 中位于上图层的对象在舞台上会覆盖下图层的对象，调整方法是按住鼠标左键拖动图层到需要的位置后释放鼠标即可。

（7）隐藏、显示与锁定图层。在绘制或编辑某一图层上的对象时，为了在操作时不影响其他图层上的对象，可以将其他图层隐藏或锁定。

隐藏图层后，舞台上将不显示该图层中的任何内容；锁定图层后，便不能对该图层上的对象进行任何编辑。

要隐藏或显示对象，具体操作方法如下：

1）要隐藏某一图层，可单击该图层“👁”图标下的“•”图标，当图标变为“✕”形状后，该图层被隐藏。

2）要隐藏全部图层，可单击“👁”图标，此时所有的图层都被隐藏。

3）要显示被隐藏的图层，可单击“✕”图标，将其变为“•”图标即可。

已经制作好的图层的内容如果无需再修改，但又需要让其显示，则可以锁定图层。锁定该图层的方法是先选取要锁定的图层，单击“🔒”按钮下方的“•”图标，当图标变为“🔒”时，表示该图层处于锁定状态。

提示： 如果只想在舞台上显示对象的轮廓线，可单击图层名称右侧的“■”图标，当其变为“□”时，该图层上所有对象都只显示轮廓线。

(8) 图层属性设置。除了通过上面介绍的方法编辑图层外，还可以通过“图层属性”对话框设置指定图层的各种属性。在要设定属性的图层名称上单击鼠标右键，选择属性菜单，即可打开“图层属性”对话框对其进行设置，如图 3—52 所示。

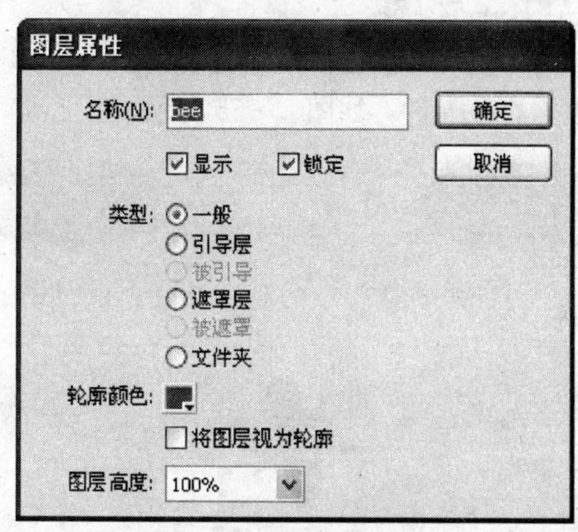

图 3—52 “图层属性”对话框

引导层是用来指定元件运动路径的，所以引导层的内容可以是钢笔、铅笔、线条、椭圆、矩形等工具绘制出来的线条和图形等；而被引导层中的对象是随着引导线运动的，可以使用影片剪辑、图形、按钮、文本等元件。

◆ 实施步骤

1. 新建一个文件，设置文件大小为 600×400 像素，背景颜色为白色，保存为“蜜蜂采蜜 . fla”，帧频设为 15 fps。

2. 在时间轴上新建两个图层，将三个图层从上至下分别命名为“bee”“flower”“bg”，然后在“bg”图层上用【矩形工具】绘制背景矩形，采用线形渐变，从上至下从无色渐变至紫红色。

3. 在“flower”图层上绘制一些鲜花，绘制时应尽量使用元件。分别在“bg”图层和“flower”图层的时间轴上的第 100 帧按 F5 键插入帧，使静态图形始终保持不变。

4. 将“bg”图层和“flower”图层锁定，创建名为“body”和“wing”的图形元件，分别绘制蜜蜂的身体和透明的翅膀，如图 3—53、图 3—54 所示。

5. 创建名为“bee”的图形元件，用“body”元件和“wing”元件组合该元件，如图 3—55 所示。

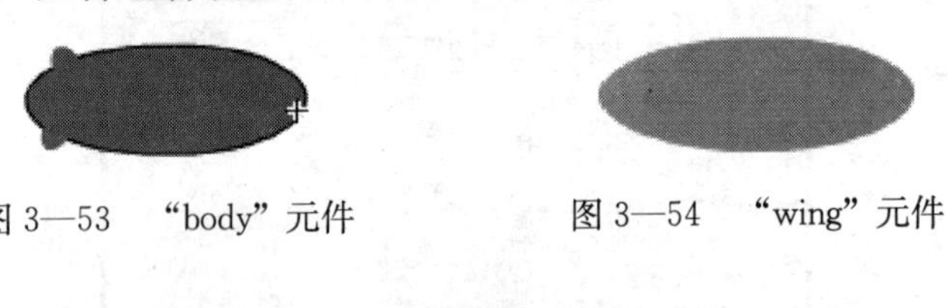

图 3—53　“body”元件　　　　图 3—54　“wing”元件

图 3—55　“bee”元件

6. 单击时间轴上面的场景 1 标签，退出元件的编辑状态，从库中将“bee”元件拖曳到图层“bee”的第 1 帧，在弹出的菜单中选择“创建补间动画”命令，再在时间轴的第 100 帧处按 F6 键制作蜜蜂的运动动画，此时时间轴如图 3—56 所示。

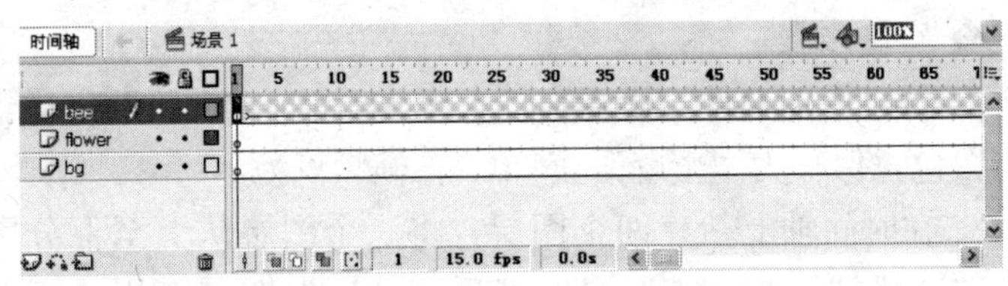

图 3—56　蜜蜂运动动画的时间轴

7. 选中“bee”图层，单击时间轴“创建引导层”按钮“ ”，为“bee”图层的运动动画添加一个引导层，Flash 会自动将该层命名为“引导层：bee”，如图 3—57 所示。

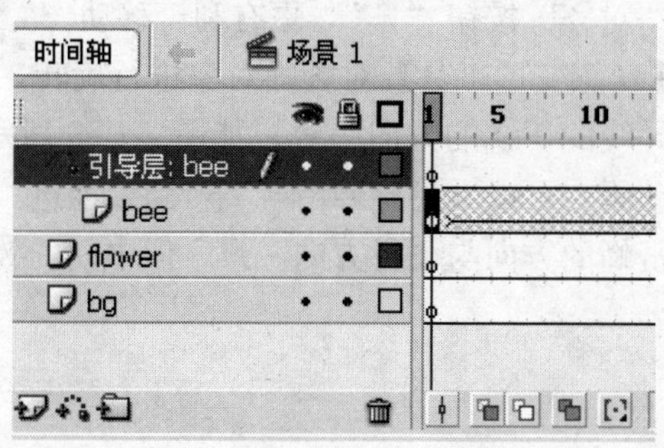

图 3—57 添加运动引导层

8. 可以看到“bee”图层的图标较其他图标靠后了一格，表明该图层已经受上面图层的控制。在引导层用【铅笔工具】的“平滑”选项绘制蜜蜂飞舞的路径，如图 3—58 所示。

图 3—58 绘制引导线

9. 将“引导层：bee”锁定，开启“bee”图层，用【选择工具】分别移动第1帧和第100帧的蜜蜂，让其分别位于引导线的首尾。移动时发现蜜蜂会自动吸附在引导线上面，如果按下工具箱选项的“对齐”按钮“ ”，更有利于移动。

10. 用【任意变形工具】对蜜蜂对象进行旋转，保证蜜蜂头的朝向与引导线的切线的方向一致，如图3—59所示。按Enter键直接测试动画，可以看见蜜蜂沿着飞行路线前进。至此，虽然在首尾两帧蜜蜂的方向与飞行方向一致，但中间的效果却不令人满意。

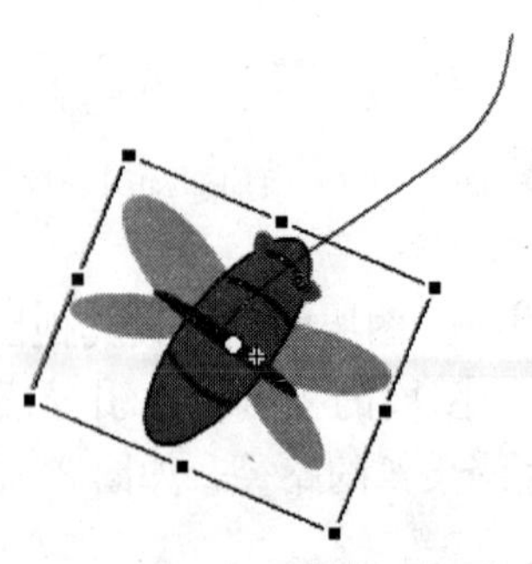

图3—59　旋转蜜蜂的方向

11. 选择“bee”图层时间轴第1～99帧中的任意一帧，打开【属性】面板，选择“调整到路径”复选框，如图3—60所示。

图3—60　选择“调整到路径”复选框

12. 按Ctrl+Enter组合键，测试动画并保存。

提示：向被引导层中添加“引导动画”最基本的操作就是使一个运动动画“附着”在“引导线”上。所以操作时特别要注意“引导线”的两端，被引导的对象其始点和终点的两个“中心点”一定要对准“引导线”的两个端点。

模块七　遮罩层动画——光影变换字和百叶窗的制作

一、光影变换字

任务描述

通过遮罩动画来实现对文本内光影变幻的效果。

1. 遮罩层的特点

被遮罩图层中的元件在发布的时候是不会被 Flash 显示出来的，所以在绘制这个元件时，元件的颜色可以随意。使用遮罩时，遮罩层必须放在被遮罩图层的上方，遮罩层和被遮罩图层必须同时锁定才能显示遮罩效果，否则将不能看到遮罩效果。

2. 遮罩层的修改

对已设置完成的遮罩层进行修改，可以双击“遮罩层”左边的蓝色图标，打开“图层属性”对话框，就可以进行相应的设置了。

要取消遮罩效果，只需要把类型里的选项重新指向“正常”就可以了。

◆ 实施步骤

1. 新建一个文件，设置文件大小为 400×300 像素，背景颜色为黑色，保存为“光影变换字 .fla”，帧频设为 12 fps。

2. 创建影片剪辑元件，命名为“矩形”。

3. 单击【矩形工具】，在【属性】面板中设置笔触颜色为无，绘制一个长矩形。

4. 单击【颜料桶工具】，打开【混色器】面板，设置填充类型为“线性”，增加 5 个滑块，分别定义不同的颜色，从左到右分别为红色（＃CC0000）、橙色（＃FFCC00）、黄色（＃FFFF00）、绿色（＃00FF00）、青色（＃00FFFF）、蓝色（＃0000FF），如图 3—61 所示；使用【颜料桶工具】对矩形线性填充，如图 3—62 所示。

图 3—61　【混色器】的设置

图 3—62　矩形填充颜色

5. 单击第 20 帧，按 F6 键插入一个关键帧，将矩形水平向右移动一段距离。单击第 1 帧和第 20 帧之间的任何一帧，单击鼠标右键，在弹出的快捷菜单中选择【创建补间动画】。同样在第 40 帧也插入关键帧，将矩形水平向左移动一段距离，单击第 20 帧和第 40 帧之间任意一帧，单击鼠标右键，在弹出的快捷菜单中选择【创建补间动画】。

6. 返回场景 1，按 Ctrl＋L 组合键打开【库】面板，将【矩形】元件拖入舞台，单击【插入图层】按钮，新建一个图层。

7. 在图层 2 上，选择【文本工具】，设置字体为黑体。输入文本“FLASH 8”。

8. 在图层 2 上右击，在弹出的菜单中选择【遮罩层】命令，将图层 2 转换为遮罩层，如图 3—63 所示。

9. 按 Ctrl＋Enter 组合键，测试效果如图 3—64 所示，并保存。

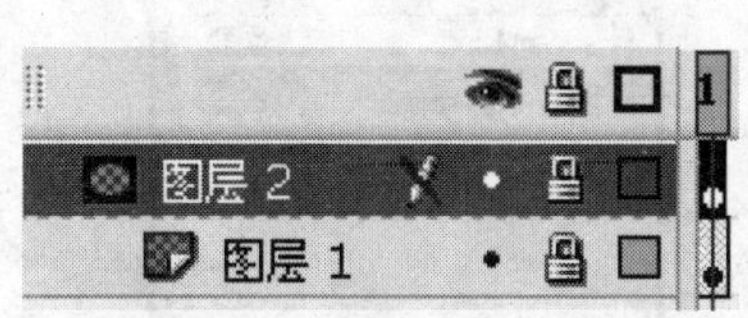

图 3—63　设置图层 2 为遮罩层

图 3—64　效果图

二、百叶窗的制作

任务描述

两幅图片分别放置在不同图层上，对其中一幅图片所在图层添加遮罩层，遮罩层中的蒙板对象使用缩放的矩形条来实现。

◆ 实施步骤

1. 新建一个文件，设置文件大小为 400×300 像素，背景颜色为白色，保存为“百叶窗 . fla”，帧频设为 12 fps。

2. 选择【文件】【导入】【导入到库】命令，导入两幅图形文件到【库】面板中，如图 3—65 所示。

3. 新建影片剪辑元件，命名为“遮条”。

4. 选择【矩形工具】，设置边框线颜色为黑色，填充颜色为无，在舞台上绘制空心矩形，打开【属性】面板，设置矩形大小为 300×224。

5. 选择【线条工具】，在矩形的左边绘制出如图 3—66 所示的直线，绘制完成后将它拖动到空心矩形的上面，如图 3—67 所示。

图 3—65　导入两幅大小相同的图形

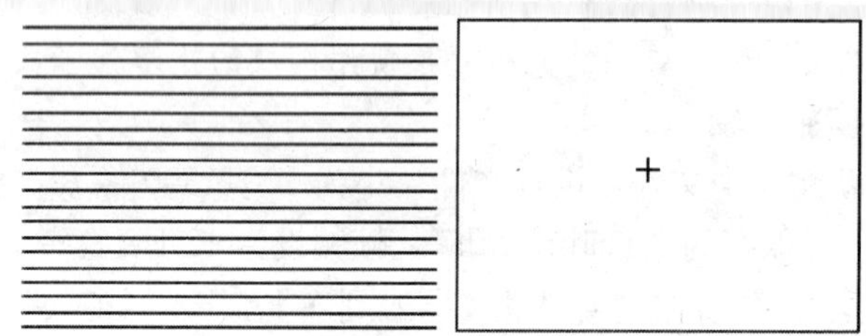

图 3—66　绘制直线

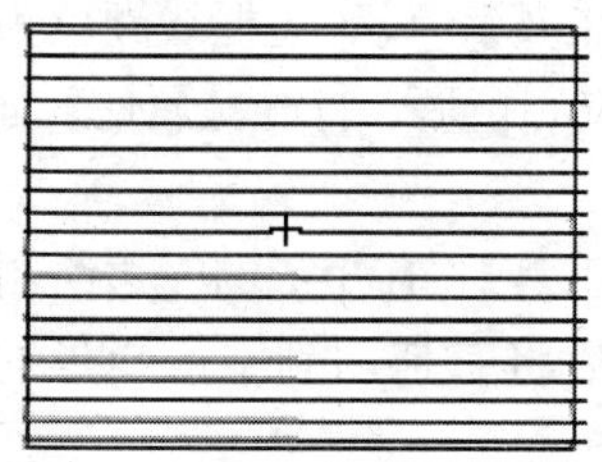

图 3—67　拖动直线到矩形上面

6. 选择【颜料桶工具】，使用任意颜色依次填充矩形被分割的每一个部分，如图 3—68 所示，再按 Ctrl+G 组合键将它们分别组合成组对象，然后删除多余的分割线，如图 3—69 所示。

图 3—68 填充被分割的每一个部分

图 3—69 组合对象并删除多余的线段

7. 使用【选择工具】框选舞台上所有的矩形条组对象。选择【修改】【时间轴】【分散到图层】命令，或按 Ctrl+Shift+D 组合键。将每个组对象都分配到单独的一个层中，根据组对象的多少，Flash 会自动创建多个图层，如图 3—70 所示。

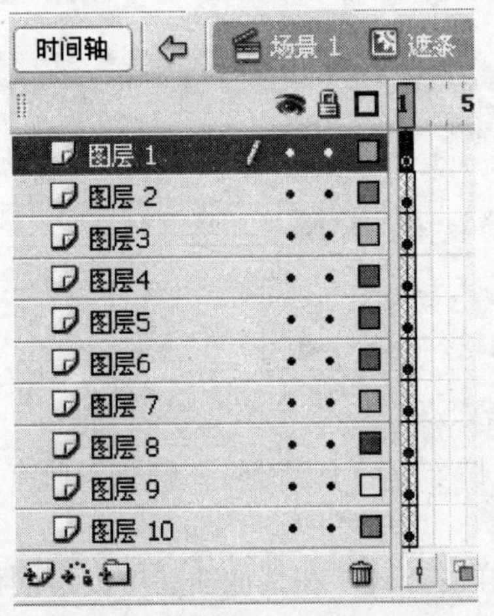

图 3—70 分散到图层后的时间轴

8. 单击图层 2，分别在第 10 帧和第 20 帧插入关键帧，选中第 1 和第 10 帧，单击右键，在弹出的菜单中选择【创建补间动画】命令。再单击第 10 帧，单击舞台上对应的矩形条，打开【窗口】【变形】面板，取消选择约束复选框，然后设置高度方向的缩放为 10%，图 3—71 所示为缩放前后舞台显示。

9. 创建补间动画后的时间轴如图 3—72 所示。

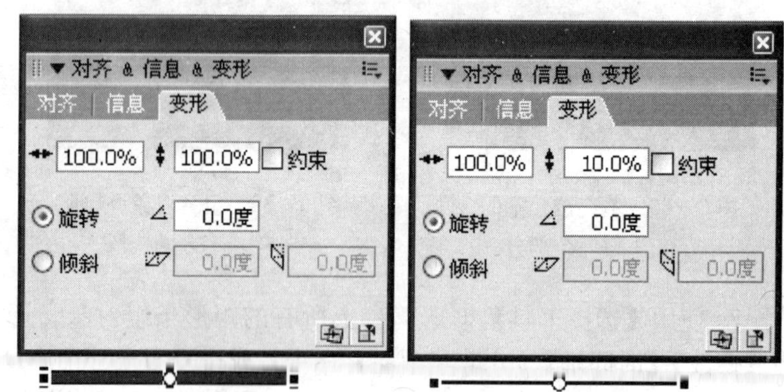

图 3—71　缩放前后舞台显示

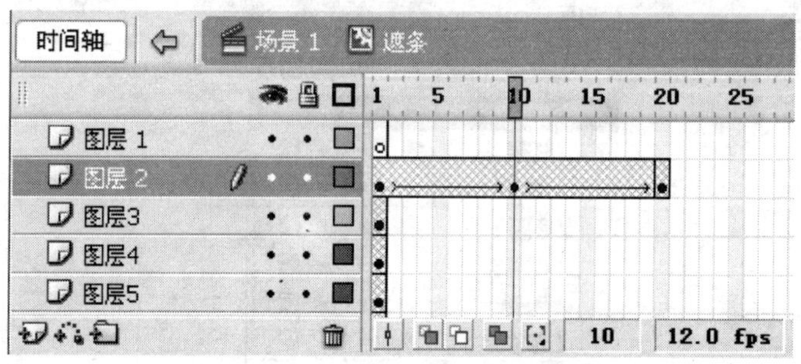

图 3—72　创建补间动画后的时间轴

10. 按照同样的方式，在其他图层中创建同样的缩小—放大动画效果，如图 3—73 所示。

图 3—73　所有图层创建补间动画后的时间轴

11. 单击时间轴上方的“场景 1”按钮，切换到【场景编辑】窗口。打开【库】面板，拖动 sunset1 图形元件到舞台上，创建一个实例，并调整图形大小使其正好覆盖整个舞台。右击图层 1 的第 20 帧，从弹出的快捷菜单中选择【插入帧】命令或按 F5 键。

12. 新建图层 2，从【库】面板拖动 sunset4 图形元件到舞台上，并调整图形大小使其正好覆盖整个舞台。右击图层 2 的第 20 帧，从弹出的快捷菜单中选择【插入帧】命令或按 F5 键。

此时时间轴面板如图 3—74 所示。

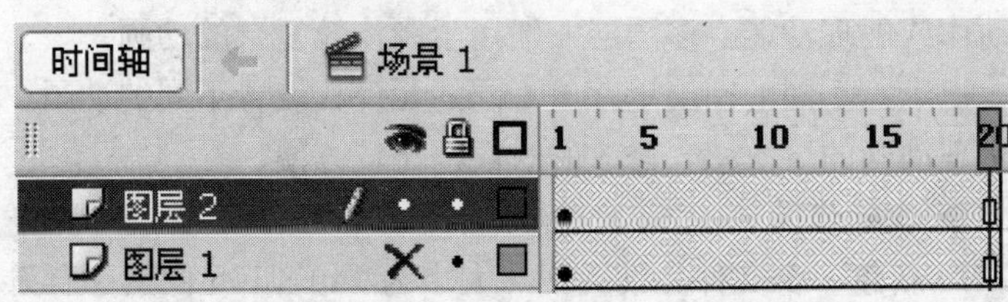

图 3—74　时间轴面板

提示：操作时可以将图层 1 隐藏。

13. 在图层 2 上新建图层 3，从【库】面板中先后拖动先前创建的【遮条】影片剪辑元件到舞台上，调整其位置和大小，使其正好覆盖整个舞台。

14. 右击图层 3 的图层名称，从弹出的快捷菜单中选择【遮罩层】命令，将图层 3 变为遮罩层，图层 2 自动变为被遮罩图层，完成后时间轴面板如图 3—75 所示。

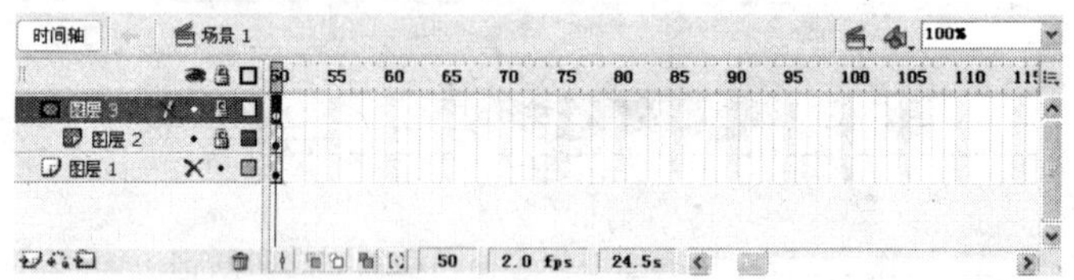

图 3—75　图层 3 变为遮罩层，图层 2 自动变为被遮罩图层

15. 按 Ctrl＋Enter 组合键，测试影片并保存文件。

模块八　多图层动画——渐现渐隐效果的制作

任务描述

利用多图层动画制作渐现渐隐的动画效果。

多图层是指在不同的图层上放置不同的元件，实现元件的同时动作或展现功能。多图层一般用于制作较复杂的动画。

提示：不同的图层里存放不同的元件，设置不同的动画，才能实现动画的层次感，修改的时候也比较方便。

◆ 实施步骤

1. 新建一个文件，设置文件大小为 140×105 像素，背景颜色为白色，保存为“渐现渐隐 . fla”，帧频设为 12 fps。

2. 选择【文件】【导入】【导入到库】，将“风景 1. jpg”“风景 2. jpg”“风景 3. jpg”“风景 4. jpg”四张图片导入到 Flash【库】面板中，如图 3—76 所示。

图 3—76　导入图片

3. 选择【插入】【新建元件】命令，新建一个图形元件“风景 1”，单击【确定】按钮进入图形元件编辑区，将【库】面板中的“风景 1. jpg”图片拖曳到舞台中，设置图片以舞台为中心，如图 3—77 所示。

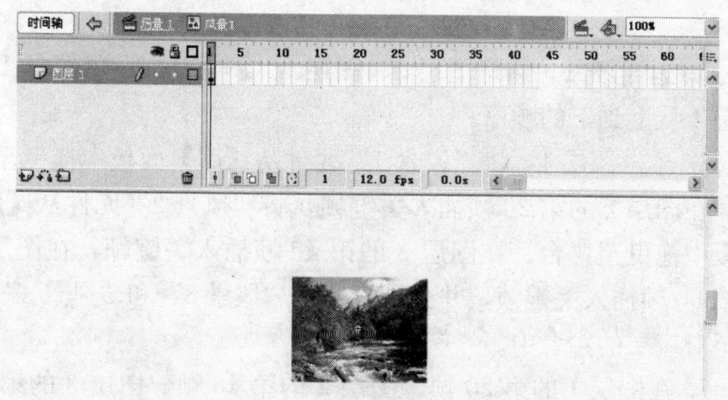

图 3—77　创建图形元件“风景 1”

4. 按照步骤 3，分别建立“风景 2”“风景 3”“风景 4”三个图形元件，如图 3—78 所示。

图 3—78 建立图形元件

5. 返回场景，新增图层 2、图层 3、图层 4，设置图层 1 至图层 4 从上到下的顺序。

6. 单击图层 1，将“风景 1”元件从【库】面板中拖曳至舞台；在图层 2 的第 20 帧插入关键帧，将“风景 2”元件从【库】面板中拖曳至舞台；在图层 3 的第 40 帧插入关键帧，在图层 4 的第 60 帧插入关键帧，并分别将元件“风景 3”和“风景 4”拖曳至对应层的舞台中。

7. 在图层 1 的第 20 帧、图层 2 的第 40 帧、图层 3 的第 60 帧、图层 4 的第 80 帧插入关键帧，如图 3—79 所示。

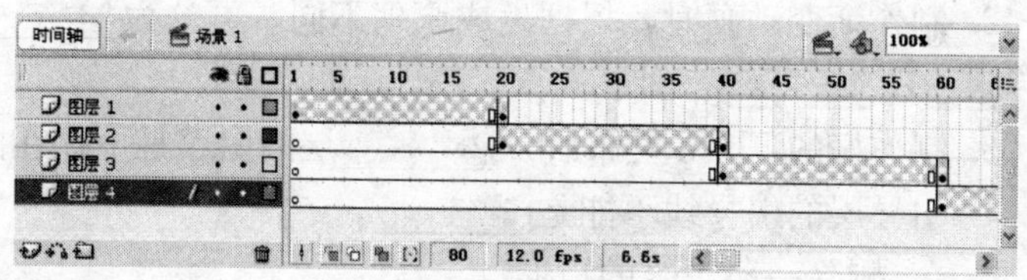

图 3—79　插入关键帧

8. 选择图层 1 的第 1 帧中的“风景 1”图形元件，在【属性】面板中设置 Alpha 值为 10%。分别设置图层 2 的第 20 帧、图层 3 的第 40 帧、图层 4 的第 60 帧中的元件的 Alpha 值为 10%。

9. 分别在图层 1 的第 1～20 帧、图层 2 的第 20～40 帧、图层 3 的第 40～60 帧、图层 4 的第 60～80 帧之间创建补间动画，如图 3—80 所示。

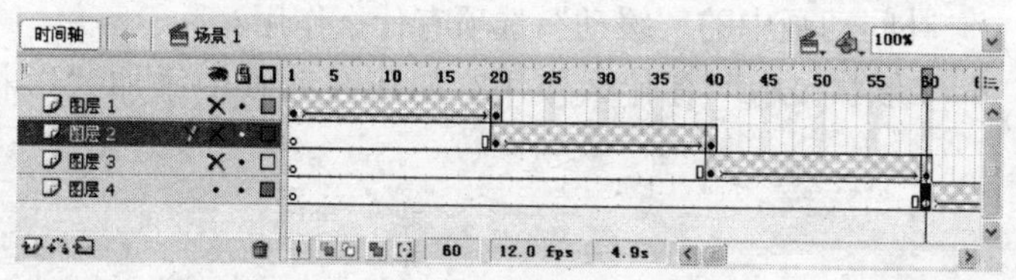

图 3—80　创建补间动画

10. 按 Ctrl＋Enter 组合键，测试影片并保存文件。

思考与练习

1. 动画是由很多张图片组成的，每一张静态图片就是一帧。最基本的编辑动画的方法就是编辑其中的一帧，这种方法就是所谓的________。

2. 制作渐变动画时，根据生成原理不同，可分为________、________和________三种。

3. 制作好的 Flash 发布后，________层的内容是不存在的。

4. 引导层的引导线不能是________。

A. 删除一条边线的矩形

B. 擦出一个小口的圆

C. 【铅笔工具】随意绘制的线条

D. 绘制好的直线元件

5. 关于遮罩层的说法，叙述错误的是________。

A. 遮罩层不可以是图形元件

B. 遮罩层可以是图形元件

C. 遮罩层可以是影片剪辑元件

D. 遮罩层可以是按钮元件

6. 动作补间动画有哪些特点？

7. 补间动画中的“缓动”选项有什么作用？

8. “形状提示”有什么作用？如何在动画中添加“形状提示”？

第四单元　按钮和声音

模块一　制作按钮元件

任务描述

按钮元件是 Flash 的基本元件之一，通过对按钮的操作，可以控制声音的播放。

◆ 实施步骤

1. 新建一个文件，设置文件大小为 200×100 像素，背景颜色为白色，保存为“声音按钮 . fla”，帧频设为 12 fps。

2. 执行【文件】【导入】【导入到库】命令，打开【导入到库】对话框，将“xgals. mp3”文件导入库中。

3. 选中场景中的第 1 帧，在【属性】面板中进行设置，如图 4—1 所示。

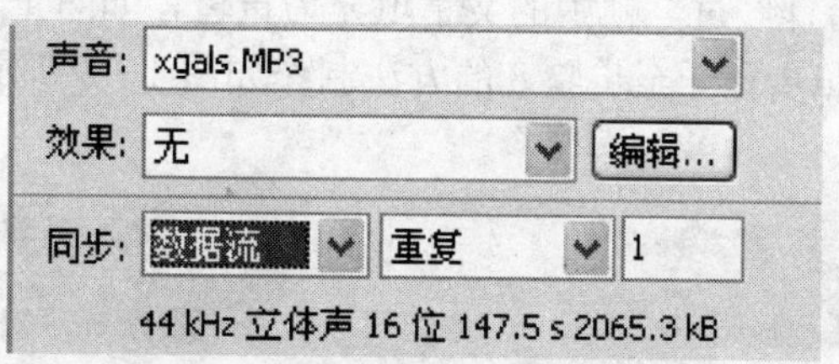

图 4—1　添加并设置声音属性

4. 根据声音素材的长度在时间轴中插入相应的帧，直至声音全部结束，如图 4—2 所示。

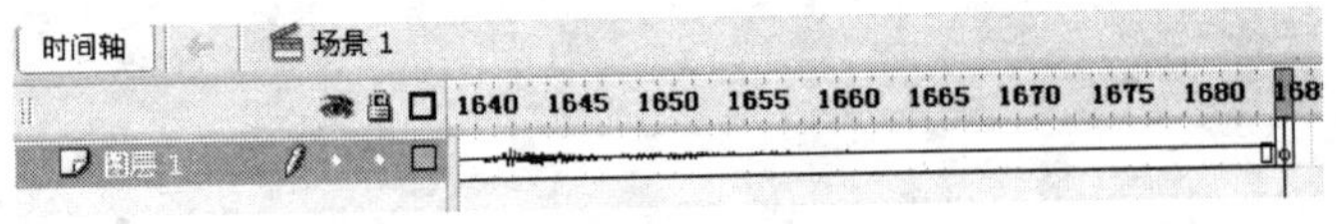

图 4—2 添加声音后的时间轴状态

5. 执行【插入】【新建元件】命令，新建一个按钮元件“play”。

6. 在弹起帧中绘制一个圆角矩形，选择【矩形工具】，单击工具栏下方的“边角半径设置”按钮，弹出“矩形设置”对话框，设置边角半径为 20 点，在舞台上绘制圆角矩形，设置其填充色为红色至浅红的放射性渐变色，如图 4—3 所示。

7. 使用【文字工具】在圆角矩形上输入“play”文字，如图 4—4 所示。

图 4—3 填充后的圆角矩形

图 4—4 输入文字

8. 选择“指针经过”帧和“点击”帧，按 F6 键插入关键帧，将“弹起”帧分别复制到“指针经过”帧和“点击”帧中，然后将“指针经过”帧中的文字填充为黄色，如图 4—5 所示。

9. 按照步骤 5 至步骤 8 的方法制作如图 4—6 所示的“stop”按钮元件。

图 4—5 更改文字的填充色

stop

图 4—6 “stop”按钮元件

10. 返回场景，在【库】面板中分别将“play”和“stop”按钮元件拖动到舞台中，如图 4—7 所示。

图 4—7　放置按钮元件

11. 选中时间轴中的第 1 帧，在【动作—帧】面板中添加如下语句：

```
stop () \\停止播放
```

12. 在场景中选择“play”按钮元件，在【动作—按钮】面板中添加如下语句：

```
on (press) {
    play ()； \\当鼠标单击按钮时开始播放
}
```

13. 在场景中选择“stop”按钮元件，在【动作—按钮】面板中添加如下语句：

```
on (press) {
    stop ()； \\当鼠标单击按钮时停止播放
}
```

14. 按 Ctrl+Enter 组合键，测试影片并保存文件。用户只需通过单击场景中的相应按钮，即可对声音进行基本的播放和停止控制。

模块二　声音的处理

任务描述

在任何一个 Flash 动画中，音效和音乐都是非常重要的。因此，对声音的编辑和处理就成为了 Flash 动画制作不可缺少的重要部分。

一、Flash 的声音概念

在 Flash 动画中不可避免地要使用各种声音效果，这样才能使动画更生动，更能吸引观众。在 Flash 8 中可以直接引用的声音格式有 WAV、MP3、AIFF 和 AU 四种音频格式。其中 AIFF 和 AU 格式的音频素材使用频率很低，而应用最多的是 WAV 和 MP3 格式。

MP3 格式文件是经过压缩后的音频文件格式，其音质大体接近 CD 水平。相同长度的音乐文件，如果用 MP3 格式来存储，一般只有 WAV 文件的十分之一。MP3 格式是现今使用最为广泛的一种数字音频格式。

WAV 是微软公司和 IBM 公司共同开发的 PC 标准声音格式，它直接保存对声音波形的采样数据，没有压缩，音质效果一流，文件占用大量的磁盘空间。通常在 Flash 中利用的 WAV 格式的声音素材的文件长度都比较短，并且在发布作品时还会通过相应的设置对其进行压缩，以降低作品的容量。

二、Flash 的声音的编辑与处理

Flash 8 的声音操作主要包括导入声音、添加声音、编辑声音，以及设置声音属性等。

1. 导入声音

在 Flash 8 中将声音素材导入到库中的具体操作是：

（1）执行【文件】【导入】【导入到库】命令，打开【导入到库】对话框。

（2）指明音频文件的路径，选择需要导入的一个文件，单击【打开】按钮。

（3）按 F11 键打开【库】面板，显示“”图标，表示已成功导入音频文件。

2. 添加声音

在 Flash 8 中添加声音的方法主要有两种。

方法一：通过【属性】面板添加声音。具体操作如下：

（1）选中时间轴中需要添加声音的关键帧。

（2）在【属性】面板中打开“声音”下拉列表框，从中选择需要的音频文件（该列表中的音频文件均为用户事先导入的声音素材，如果没有导入过，则在该列表中看不到相应的选项）。

方法二：通过鼠标拖动添加声音。具体操作如下：

（1）选中时间轴中需要添加声音的关键帧。

（2）在【库】面板中选择要添加的声音。

（3）按住鼠标左键不放，将声音拖曳到场景中。

（4）释放鼠标左键，声音立即添加到相应的帧中。

3. 编辑声音

在 Flash 8 中编辑声音的具体操作是：

（1）在时间轴中选择添加了声音的帧，即可在【属性】面板中看到与声音有关的设置。

（2）在【属性】面板中单击“效果”下拉列表右侧的【编辑】按钮，即可打开【编辑封套】对话框，如图 4—8 所示。

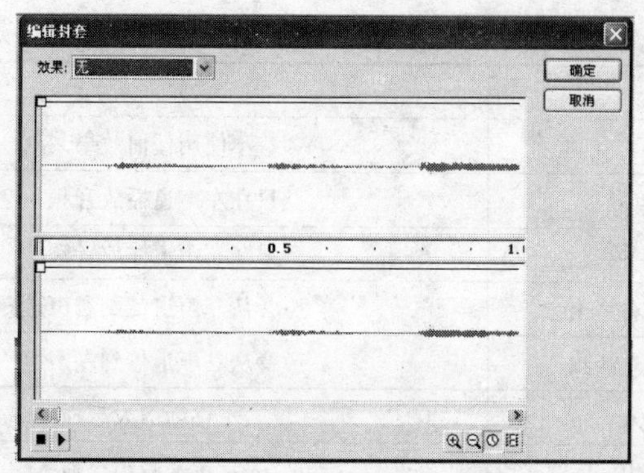

图 4—8 【编辑封套】对话框

（3）在【编辑封套】对话框中显示了声音的波形，它被分成上下两部分，分别代表声音的左右声道。两个声道之间的标尺表示声音的长度。如果面板底部的按钮为未按下状态，则声音长度的刻度是帧；如果面板底部的按钮为按下状态，则声音长度的刻度是秒。拖动标尺中的滑块可以设定声音的起始位置。

（4）单击按钮可以放大和缩小显示刻度，以控制声音波形的显示范围。

（5）拖动音量控制线的位置，可以编辑音量的大小。音量控制线的位置越低，该声道的音量就越小。

提示： 在音量控制线上可以添加控制柄，将控制柄拖离面板可以实现删除。

（6）设置好声音后，单击【确定】按钮完成对声音的编辑。

4. 设置声音属性

在【属性】面板中可以对声音的播放属性进行设置。具体操作如下：

（1）在时间轴中选择添加了声音的帧，在【属性】面板中单击“效果”下拉列表框，在该列表中设置声音的播放效果。“效果”下拉列表框中各选项的含义见表 4—1。

表 4—1　“效果”下拉列表框中各选项的含义

效　果	含　义
无	不使用任何效果
左声道	只在左声道播放音频
右声道	只在右声道播放音频
从左到右淡出	声音从左声道传到右声道
从右到左淡出	声音从右声道传到左声道
淡入	表示逐渐增大声强
淡出	表示逐渐减小声强
自定义	自己创建声音效果

（2）打开【属性】面板中的“同步”下拉列表框，可以选择声音的播放方式。“同步”下拉列表框中各选项的含义见表 4—2。

（3）设置完成后，取消对声音所在帧的选择即可。

表 4—2　　“同步”下拉列表框中各选项的含义

方　式	含　义
事件	使声音和事件合拍；当动画播放到声音开始的关键帧时，事件音频开始独立于时间轴播放，即使动画停止了，声音也要继续播放直至完毕
开始	开始播放另一指定的声音
停止	停止播放指定的声音
数据流	用于在 Internet 上播放流式音频；Flash 自动调整动画和音频，使它们同时播放；在输出动画时，数据流式音频混合在动画中一起输出

思考与练习

1. 在 Flash 中，主要有两种类型的声音，即________和________。

2. 在【编辑封套】对话框中可以设置声音大小的是____________。

3. Flash 不具备专业声音处理软件的编辑功能，但可以设置声音________。

4. Flash 8 不支持的声音格式是________。

A. WAV　　B. MP3

C. MIDI　　D. AVI

5. 制作 MV 时，为了使声音和动画同步，声音应该采用“同步”下拉列表框中的________。

A. 事件　　B. 数据流

C. 事件和数据流都可以　　D. 事件和数据流都不可以

6. 如何为关键帧添加声音？

7. 如何控制事件声音的播放？

8. 如何改变声音的音量和长度？

第五单元　脚本动画

模块一　网页的制作

任务描述

制作一个网页，使其实现在不同的栏目上单击就可以浏览相应的栏目内容，同时单击每个栏目中的“返回”按钮，可以返回到主栏目中。

◆ 实施步骤

1. 新建一个文件，设置文件大小为 700×400 像素，背景颜色为白色，保存为“网页 . fla”，帧频设为 12 fps。

2. 单击【文件】【导入】【导入到舞台】命令（或按 Ctrl+R 组合键），向影片中导入一张图片素材，并且放置到舞台合适位置。

3. 新建一个图层并将其命名为【按钮】，在该图层所对应的舞台中放置“创业培训”“服务项目”和“联系我们”三个按钮元件。

4. 继续新建一个图层，将其命名为【栏目】。

5. 选择图层【栏目】的第 1 帧，此时【动作】面板的左上角会显示【动作—帧】。

6. 在动作面板的动作编辑史中输入语句：“stop ()；”。

输入后的【动作】面板如图 5—1 所示。

7. 在图层【栏目】的第 2 帧，按 F7 键，插入空白关键帧。

8. 在刚刚建立的空白关键帧中制作“创业培训”栏目内容，

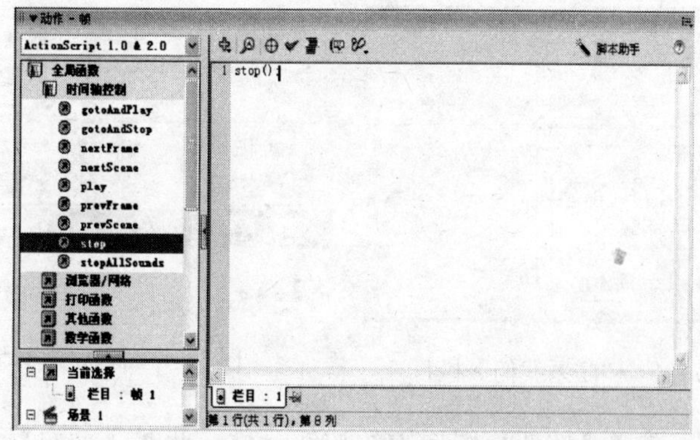

图 5—1　输入“stop ();”语句后的【动作】面板

如图 5—2 所示。

9. 在图层【栏目】的第 3 帧，按 F7 键，插入空白关键帧。

10. 在刚刚建立的空白关键帧中制作“服务项目”栏目内容，如图 5—3 所示。

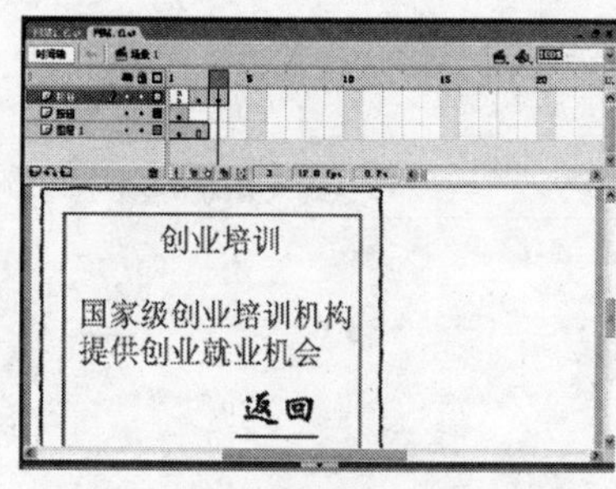

图 5—2　“创业培训”栏目

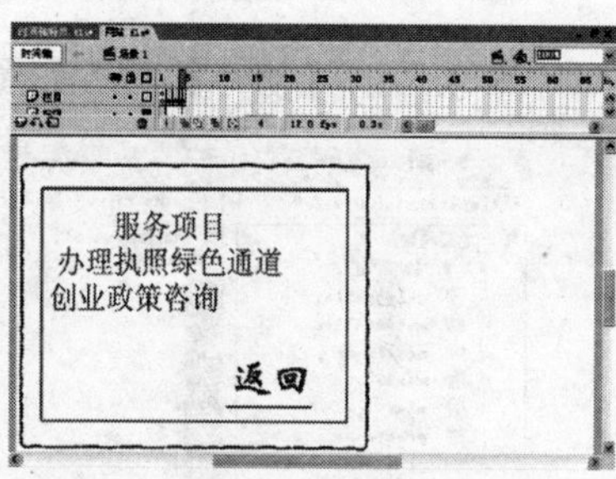

图 5—3　“服务项目”栏目

11. 在图层【栏目】的第 4 帧，按 F7 键，插入空白关键帧。

12. 在刚刚建立的空白关键帧中制作“联系我们”栏目内容，如图 5—4 所示。

13. 在图层 1 的第 4 帧，按 F5 键，插入空白帧，如图 5—5 所示。

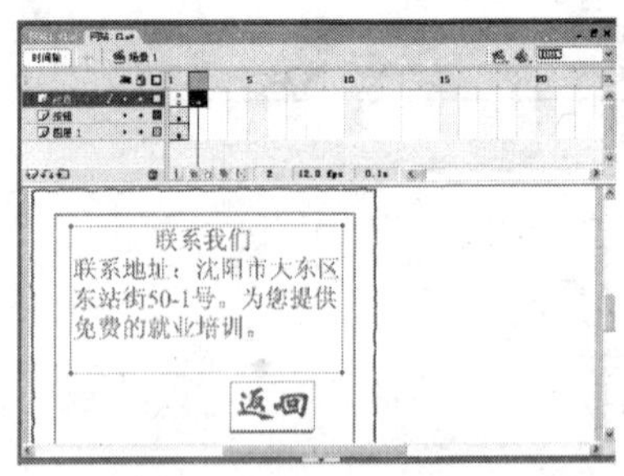

图 5—4　“联系我们”栏目

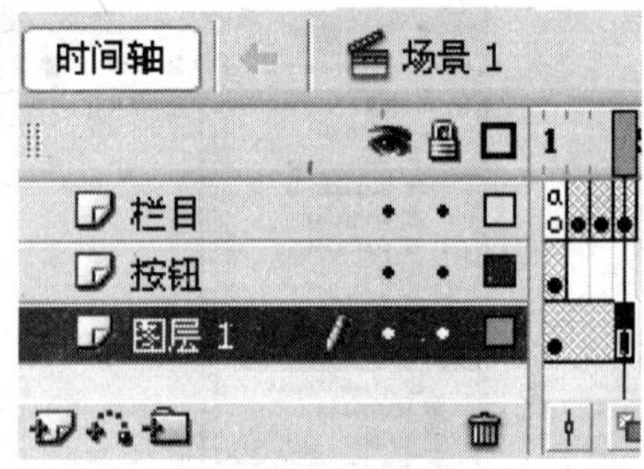

图 5—5　插入空白帧

14. 选择【按钮】图层中的按钮元件，此时【动作】面板的左上角显示【动作—按钮】。

15. 选择【创业培训】按钮元件，在【动作】面板中输入语句：

```
on (release) {
gotoAndStop (2);
}
```

输入后的【动作】面板如图 5—6 所示。

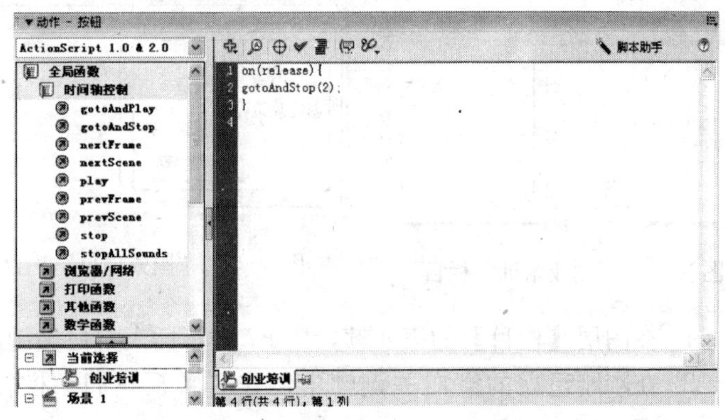

图 5—6　输入【创业培训】按钮元件脚本

16. 选择【服务项目】按钮元件，在【动作】面板中输入语句：

```
on (release) {
gotoAndStop (3);
}
```

17. 选择【联系我们】按钮元件，在【动作】面板中输入语句：

```
on (release) {
gotoAndStop (4);
}
```

18. 在【栏目】图层中选择第 2、第 3、第 4 帧中的【返回】按钮，在【动作】面板中输入语句：

```
on (release) {
gotoAndStop (1);
}
```

19. 按 Ctrl+Enter 组合键，测试影片并保存文件。

提示： Flash 8 自带滤镜效果，可以为所选的文本添加一种滤镜效果。

选择【按钮】图层，单击【属性】面板的“滤镜”标签，单击“+”按钮，在弹出的菜单中选择一种效果并进行设置，设置后的文字如图 5—7 所示。

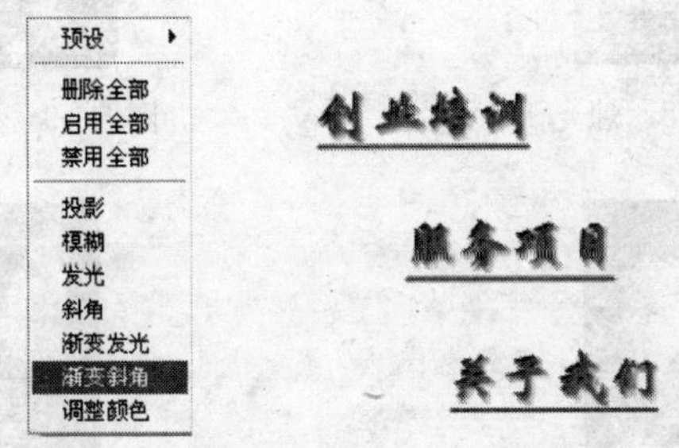

图 5—7 选择“渐变斜角”滤镜文字效果

模块二　点 蜡 烛

任务描述

使用动作脚本控制影片剪辑来实现点蜡烛的效果。

◆ 实施步骤

1. 绘制烛光。按 Ctrl＋F8 组合键创建图形元件，命名“烛光 1”。选择【钢笔工具】绘制火焰的形状，选择【颜料桶工具】进行色彩填充，类型选择放射性，如图 5—8 所示。

提示：可以分成几个部分绘制图形，填充不同的颜色，然后按 Ctrl＋G 组合键组合图形。

2. 按 Ctrl＋F8 组合键创建图形元件，命名“外焰 1”。选择【钢笔工具】绘制火焰的形状，选择【颜料桶工具】进行色彩填充，绘制火焰的外焰被风吹过的形状，如图 5—9 所示。

3. 参照步骤 2，新建名为“外焰 2”的图形元件。借鉴步骤 1、2 的图形元件，使用【任意变形工具】，按 Ctrl＋F8 组合键创建图形元件，命名“外焰 3”，如图 5—10、图 5—11 所示。

图 5—8　烛光 1

图 5—9　外焰 1

图 5—10　外焰 2

图 5—11　外焰 3

4. 按 Ctrl＋F8 组合键创建影片剪辑元件“烛光”。执行【窗口】【库】命令，打开【库】面板，将“烛光 1”拖到舞台的中心点，然后在第 5 帧按 F7 键插入一个空白关键帧，把图形元件“外焰 1”拖到舞台的中心点；依次在第 7 帧和第 8 帧插入空白关键帧，把图形元件“外焰 2”和“外焰 3”分别拖到舞台的中心点；在第 9 帧至第 12 帧按 F5 快捷键插入帧。

5. 制作光环。新建图形元件“光环”，选择【椭圆工具】，在【混色器】面板中设置颜色值，设置 Alpha 值为 0%。在圆中绘制一个椭圆，如图 5—12 所示。

6. 新建影片剪辑元件“烛光燃烧”。将影片剪辑元件“烛光”从【库】面板中拖曳到第 1 帧中，使用【任意变形工具】把元件变得很小；在 16 帧插入关键帧，稍微缩小元件的大小；在第 26 帧、第 27 帧和第 35 帧插入关键帧，在这三个关键帧里，元件“烛光”均保持原大小，然后依次选择各关键帧，设置【属性】面板中的【补间】为“动画”。

7. 插入图层 2，在该图层的第 10 帧插入关键帧，将图形元件“光环”从【库】面板中拖到舞台上，调整元件的位置使元件“烛光”正好在光环中，然后在第 25 帧和第 35 帧插入关键帧，在各关键帧里改变元件的大小，并设置【补间】为“动画”。新增图层 3，在该图层的第 35 帧插入关键帧，为该帧添加脚本语言“gotoAndPlay (10);”。

8. 新建图形元件“遮罩 1”，选择【钢笔工具】在当前舞台上绘制图形，如图 5—13 所示。

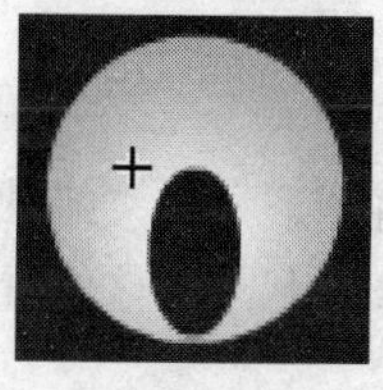

图 5—12

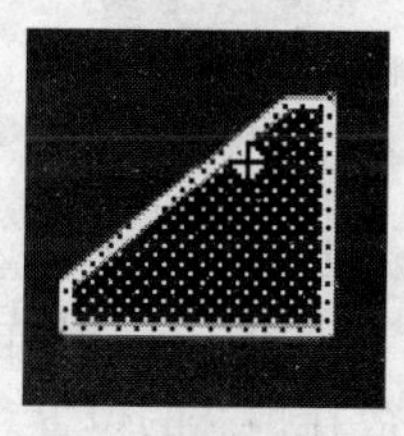

图 5—13

9. 创建影片剪辑元件“遮罩”，在图层 1 上单击鼠标右键，在弹出的菜单中选择【遮罩层】，然后为第 1 帧添加动作语言“stop ();”，在第 2 帧插入关键帧，将图形元件“遮罩 1”拖到舞台上，然后在第 200 帧插入关键帧，缩小图形的高度，依次选择第 2 帧和第 200 帧，设置【补间】为“动画”，选择第 200 帧添加脚本程序“stop ();”。

10. 新建按钮元件“按钮 1”，在元件设置窗口绘制一个椭圆。

11. 新建一个图形元件“烛芯”，使用【钢笔工具】在当前舞台上绘制灯芯的形状；然后使用【颜料桶工具】，填充图形的颜色，效果如图 5—14 所示。新建影片剪辑元件“烛芯 2”，将图形元件“烛芯”拖入舞台上，在第 28 帧插入关键帧，设置第 1 帧 Alpha 值为 0%，新增图层 2，在第 28 帧插入空白关键帧，输入脚本语言：“gotoAndPlay (15);”，新建影片剪辑“烛芯 1”，将影片剪辑“烛芯 2”拖入舞台上。

12. 新建图形元件“蜡烛”，使用【铅笔工具】绘制烛芯，使用【钢笔工具】绘制蜡烛的烛身，填充其颜色为渐变色且最左边的颜色为白色，这样使得蜡烛有立体感及有光照效果，如图 5—15 所示。

图 5—14

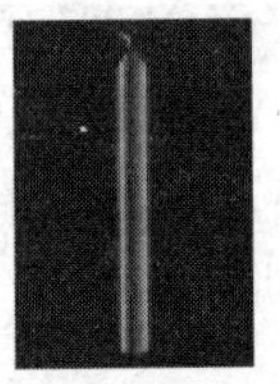

图 5—15

13. 创建影片剪辑元件“蜡烛 1”，将图形元件“蜡烛”和按钮元件“按钮 1”从【库】面板中拖到舞台上，调整位置，把按钮元件放在烛芯的位置。

14. 创建影片剪辑元件“蜡烛 2”，在图层 1 的第 1 帧拖入图形元件“蜡烛”；在第 2 帧插入关键帧，拖入影片剪辑元件“烛光燃烧”；然后在第 200 帧插入关键帧，选择“烛光燃烧”，并设置 Alpha 值为 0%，选择第 2 帧，设置【补间】为“动画”；新增图层 2，在图层 2 的第 2 帧插入关键帧，然后在第 200 帧插入关键帧，并设置 Alpha 值为 0%，选择第 1 帧，设置【补间】为“动画”。

15. 插入图层 3，在该层的第 2 帧拖入元件“遮罩”，并在第 200 帧插入关键帧，改变元件的高度；选择第 2 帧，设置【补间】为“动画”。插入图层 4，把元件“蜡烛”拖入到第 2 帧，将图层 3 设为遮罩层，如图 5—16 所示。

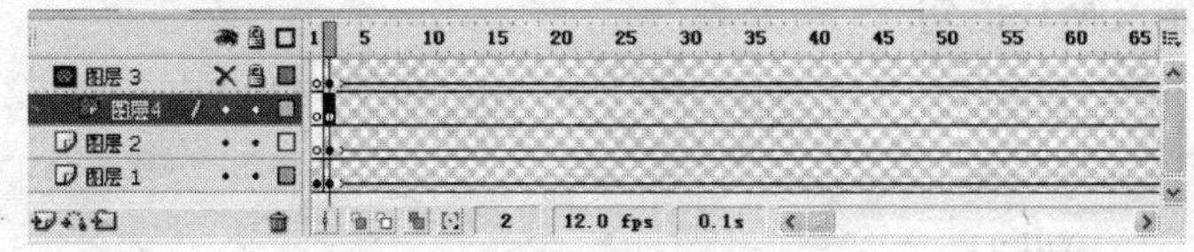

图 5—16 设置遮罩层

16. 插入图层 5，在第 1 帧拖入按钮元件“按钮 1”。调整按钮元件的位置，并为按钮设置脚本语言：

```
on (release, rollOver)
{
    gotoAndPlay (2);
}
```

插入图层 6，添加脚本“stop ();”。

17. 创建按钮元件“按钮 2”，导入事先准备好的图片“蛋糕 1”，按 Ctrl＋B 组合键分离图像，按 F6 键在其他各帧插入关键帧。

提示：事先准备好的图片带有白色背景，可以利用【魔术棒工具】选择背景，按 Delete 键删除，再将图片放大，利用【橡皮工具】擦掉多余的背景。

18. 返回到场景设计窗口，在图层 1 的第 1 帧拖入按钮元件“按钮 2”；插入图层 2，在其第 1 帧拖入元件“烛光”，并设置元件的【实例名称】为“烛光”；插入图层 3，在其第 1 帧拖入元件“蜡烛”，并设置元件的【实例名称】为“蜡烛”；在图层 1 下插入图层 4，导入图片“背景 .jpg”，并调整其大小。

19. 插入图层 5，在图层第 1 帧添加脚本语言：

```
stop ()；
Mouse. hide ()；
```

为按钮 2 添加脚本程序：

```
on (release)
{//定义循环语句
    for (amount=1；amount>0；amount=amount-1)
    {
        var i；
//复制影片并设置影片的深度不同
        duplicateMovieClip (" _root. 蜡烛"," mc" +i, i)；
//设置影片横坐标与鼠标的横坐标相同
        setProperty (" mc" +i, _x, _xmouse)；
//设置影片纵坐标与鼠标的纵坐标相同
        setProperty (" mc" +i, _y, _ymouse+35)；
        i=i+1；
    }
}
```

为影片剪辑“烛光”添加脚本语言：

```
//鼠标移动时设置影片剪辑可拖动
onClipEvent (mouseMove)
{
    startDrag ( _root. 烛光, true)；
```

```
}
onClipEvent (mouseUp)
{
    stopDrag (); //停止拖动
}
```

20. 按 Ctrl+Enter 组合键，测试影片并保存文件。

思考与练习

1. ActionScript 是一种________编程语言，是 Flash 8 的脚本语言。

2. 按________键可以打开【动作】面板。

3. 制作好的 Flash 被发布出来后，________层的内容是不存在的。

4. 引导层的引导线不能是________。

A. 删除一条边线的矩形

B. 擦出一个小口的圆

C. 【铅笔工具】随意绘制出的线条

D. 绘制好的直线元件

5. 关于遮罩层的说法，下列叙述错误的是________。

A. 遮罩层不可以是图形元件

B. 遮罩层可以是图形元件

C. 遮罩层可以是影片剪辑元件

D. 遮罩层可以是按钮元件

6. 动作脚本可以加在什么地方？

7. 为什么元件实例需要名称和路径，如何定义？

第六单元　综 合 演 练

模块　课 件 制 作

任务描述

一个课件类似于一本书，也有封面、目录、章、节、页等，其中页是基本元素，如显示器上一个屏的信息，一个页面应该包括背景、文字、图形、图像。

一、背景的制作

1. 新建一个 Flash 文档，将文档的大小设置为 800×600 像素，背景颜色为白色，并将文档命名为“课件制作 . fla”。

2. 单击【矩形工具】，在场景上绘制一个与背景大小相同，笔触颜色为无色、填充颜色为＃126ACE 到＃02C6FE 的线性渐变矩形，溢出类型为“扩展”（默认），如图 6—1 所示。

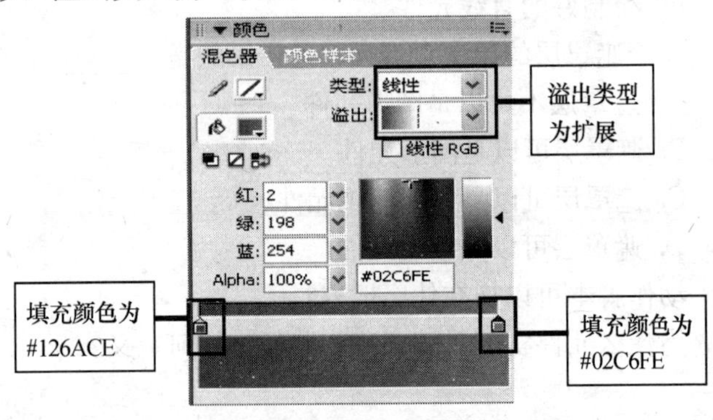

图 6—1　设置颜色样本

3. 单击工具栏中的【填充变形工具】，设置矩形的填充样式，如图 6—2 所示。

4. 在场景上新建一图层。单击工具栏中的【矩形工具】，绘制一个任意矩形。打开【属性】面板，将形状属性的宽设置为 800，高设置为 200，X、Y 均设置为 0，如图 6—3 所示。

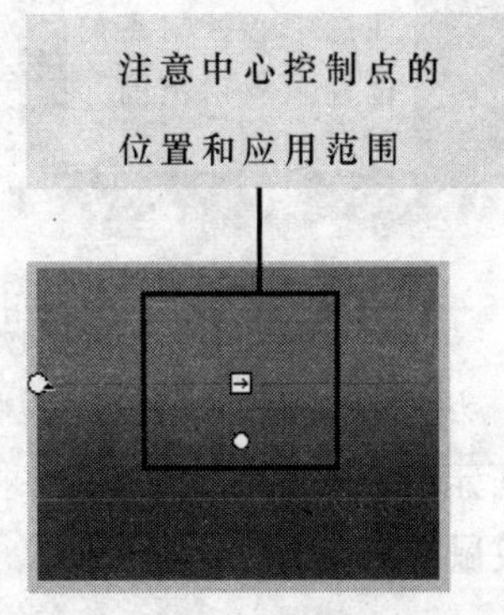

图 6—2 设置矩形的填充样式

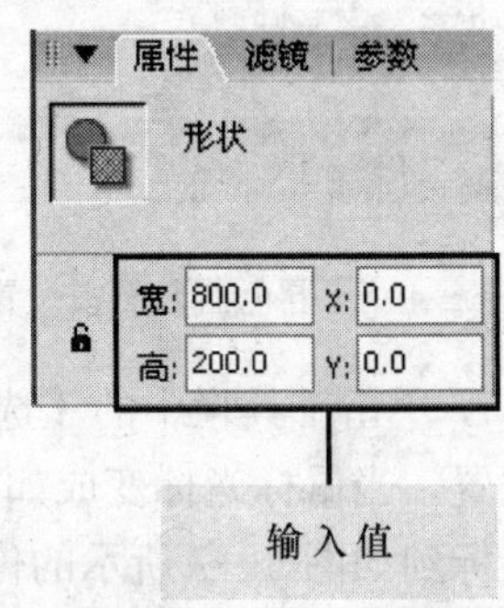

图 6—3 设置矩形属性

提示：在【属性】面板输入值能保证对象的大小和位置更精确。

5. 打开【混色器】面板（或按 shift＋F9 组合键），设置颜色为＃1D66D2 到＃02C4FD 的线性渐变，【溢出】面板类型为【镜像】，如图 6—4 所示，然后对矩形进行填充。

提示：Flash 8 的溢出分为三种类型：扩展、镜像、重复。扩展是指将颜色应用于渐变末端之外。镜像是指从渐变的开始到结束，再以相反的顺序从渐变的结束到开始，然后从渐变的开始到结束，直到选定的形状填充完毕。重复是指从渐变的开始到结束重复渐变，直到选定的形状填充完毕。

6. 单击工具栏中的【填充变形工具】，设置矩形的填充样式，如图 6—5 所示。

提示：如果与图不同，可旋转获得。

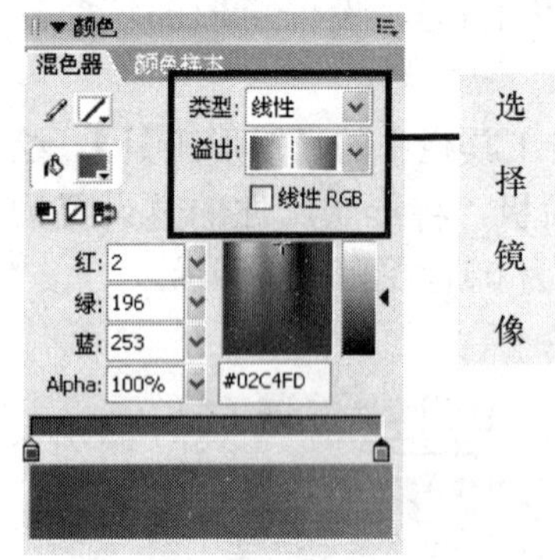

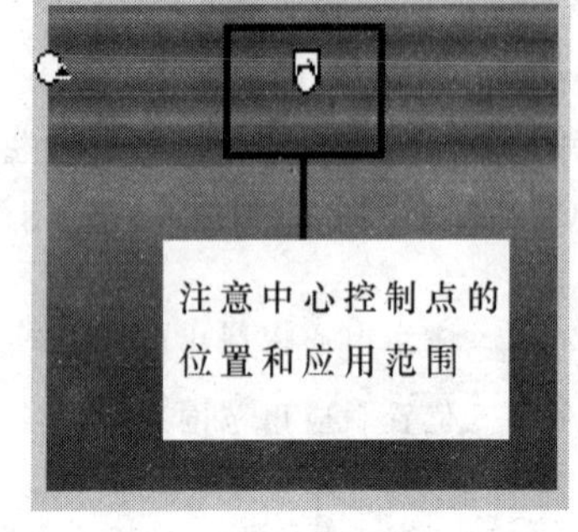

图 6—4　【混色器】面板设置　　　　图 6—5　【填充变形工具】使用

7. 单击工具栏中的【选择工具】，将鼠标光标放在矩形的中心位置。当鼠标光标变成如图 6—6 所示时，按住 Ctrl 键，并拖动鼠标到如图 6—7 所示的位置，释放鼠标。

图 6—6　鼠标光标（一）　　　　图 6—7　鼠标光标（二）

8. 用类似的方法继续调整，使之成为图 6—8 所示效果。然后按 F8 键，在弹出的【转化为元件】对话框中，将名称命名为“背景”，将类型选择为“图形”，设置好后单击【确定】按钮，位置如图 6—9 所示。

二、标题的制作

1. 制作好课件的背景后，为了突出主题，要为课件制作一个标题。在主场景中，将有元件的图层命名为“背景”，将无元件的图层命名为“标题”。

图 6—8 图形调整

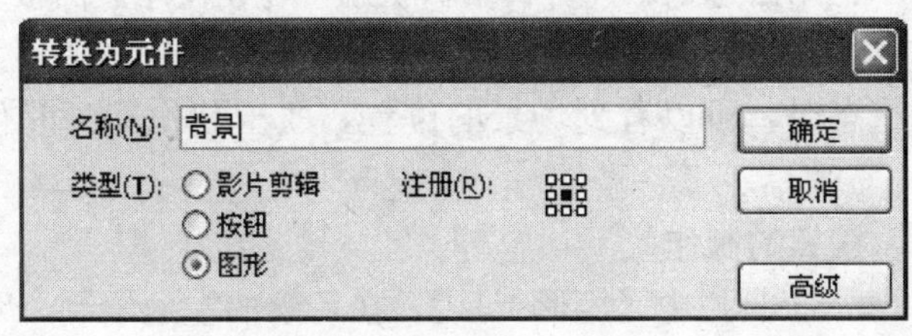

图 6—9 创建图形元件

2. 单击工具栏中【文本工具】，在“标题”图层场景的上方输入“动画的输出和发布”。打开【属性】面板，设置文本为隶书、34 号帧为白色帧、加粗，如图 6—10 所示。

图 6—10 【属性】面板的设置

3. 单击工具栏中【选择工具】，选取标题文字，按 F8 键，在弹出的【转化为元件】对话框中，将名称命名为“标题”，将类型选择为“影片剪辑”，单击【确定】按钮。

4. 双击标题文字，进入“标题”影片剪辑元件中。利用

Flash 8 新增滤镜功能为标题制作阴影效果，如图 6—11 所示。

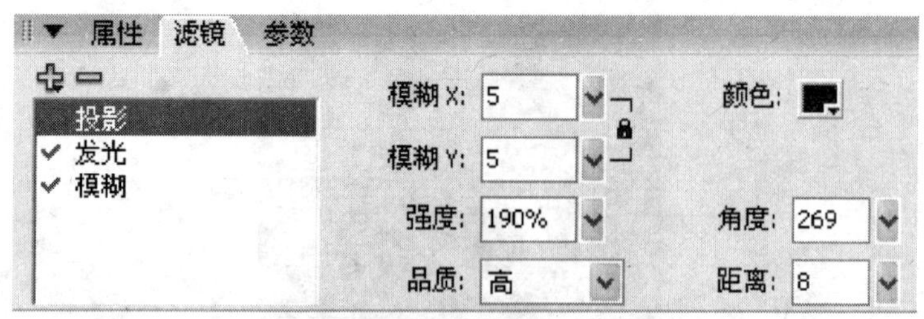

图 6—11 滤镜设置标题面板

提示：双击进入影片剪辑编辑状态，与在【库】面板中双击进入元件编辑状态效果是一样的。但是在场景中双击进入影片剪辑编辑状态时，可以看到场景的位置，便于制作动画时位置的确定。

三、按钮的制作

1. 单击工具栏中【矩形工具】，在场景的左边绘制一个无边框的矩形。颜色设置为白色，Alpha 值为 20%。

提示：如制作有边线的矩形，在转换为元件时要注意将边框也选中，否则很容易造成动画创建失败。

2. 单击工具栏中【选择工具】，选中绘制好的矩形，按 F8 键，在弹出的【转化为元件】对话框中，将名称命名为“按钮效果”，将类型选择为“影片剪辑”，然后单击【确定】按钮。双击进入按钮元件进行编辑，将“按钮效果”的影片剪辑的“图层 1”改名为“底纹”，新建一图层，将名字改为“按钮”。

3. 按 Ctrl+F8 组合键，弹出【创建新元件】对话框。在对话框中将名称命名为“按钮”，类型选择为“按钮”，单击【确定】按钮。

4. 按 Ctrl+L 组合键，打开【库】面板，双击“按钮”元件，进入编辑状态。

5. 单击工具栏中【矩形工具】，在选项中，单击“边角半径设置”，如图 6—12 所示。在弹出的【矩形设置】对话框中，将“边角半径”更改为“5”，如图 6—13 所示。绘制一个小矩形，将笔触颜色设置为无色，填充颜色设置为从黄色（＃FFFF00）到白色（＃FFFFFF）的渐变。单击工具栏中的【填充变形工具】，将渐变调节成如图 6—14 所示的效果。

图 6—12 “边角半径设置”按钮　　图 6—13 【矩形设置】对话框

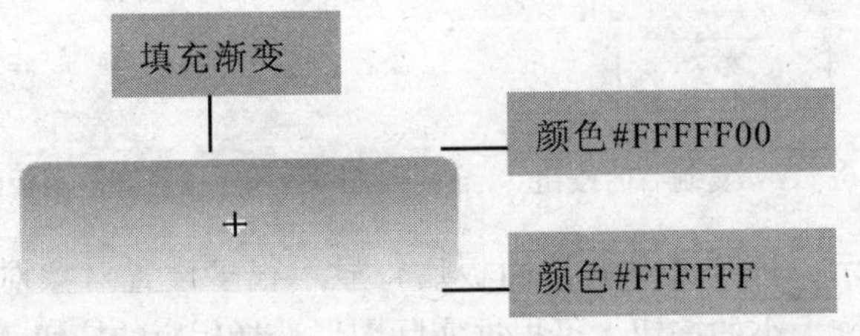

图 6—14 按钮效果

6. 新建一图层，命名为图层 2，并将图层 2 置于图层 1 上方。单击工具栏中【椭圆工具】，绘制一个椭圆，将笔触颜色设置为无色，填充颜色设置为白色，Alpha 值设置为 70%，作为按钮的高光效果，如图 6—15 所示。单击工具栏中【选择工具】，调节椭圆如图 6—16 所示。

7. 将绘制的按钮放置到“按钮效果”影片剪辑的“按钮”图层。按住 Ctrl 键，拖动按钮实例，复制三个按钮，如图 6—17

所示。选中四个按钮，按下 Ctrl+K 组合键，将【对齐】面板打开，设置对齐为“左对齐”，分布为“垂直居中分布”，如图 6—18 所示。

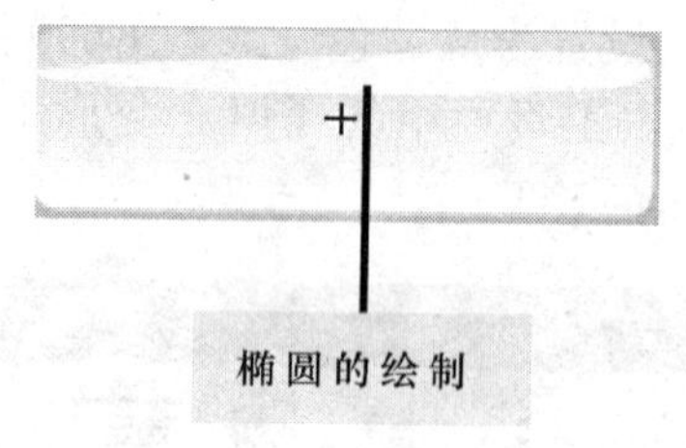

图 6—15　椭圆的绘制

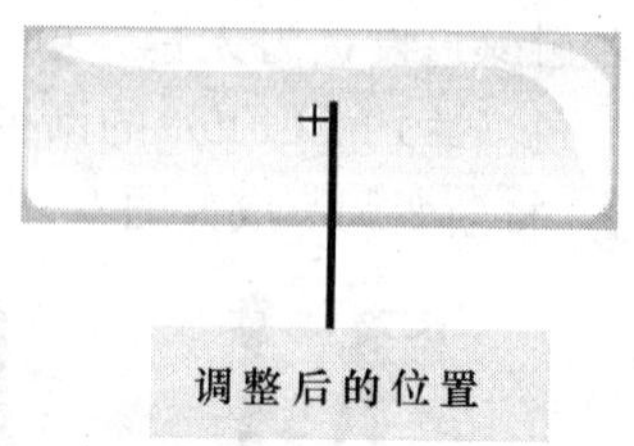

图 6—16　调整后的位置

图 6—17　复制后的按钮

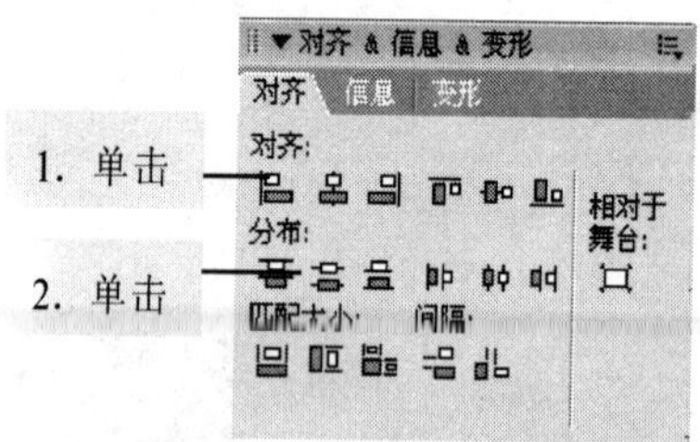

图 6—18　【对齐】面板的设置

提示：打开【对齐】面板后，显示很多设置对象对齐、分布、匹配大小的按钮，可根据实际图形选择相应的按钮。

8. 在“按钮效果”影片剪辑的“按钮”图层上，新建一图层，命名为“文字”。单击工具栏中【文本工具】，输入“测试动画”，将文字设置为隶书、15 号字、颜色为＃023E7E、加粗。使用拖动复制方法，复制出三个文本。将文本内容分别改为“优化动画”“输出动画”“发布动画”。时间轴效果如图 6—19 所示，实例效果如图 6—20 所示。

9. 按 Ctrl+F8 组合键，创建一个新的元件。在弹出的【创建新元件】对话框中，将名称改为“btn1”，类型为“按钮”。

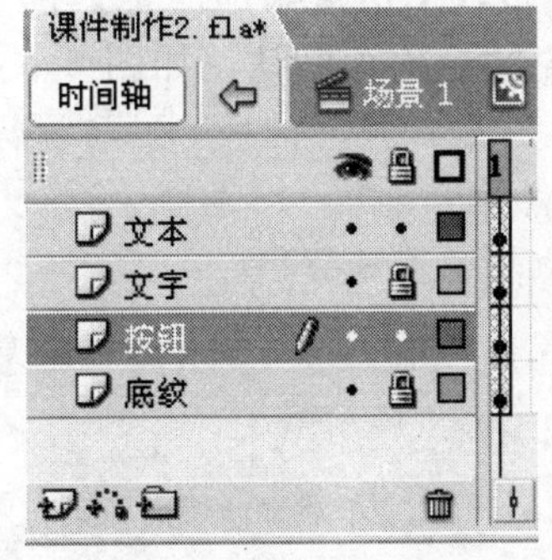

图 6—19　复制后的按钮

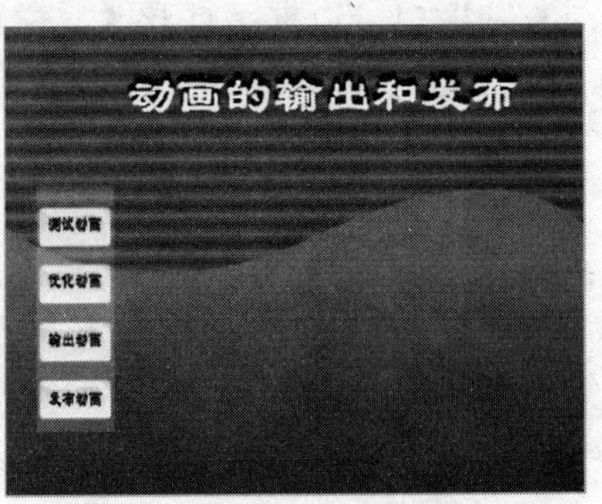

图 6—20　添加文字的按钮效果

10. 单击【文件】【导入】【导入到库】命令，将几个图片文件导入到库中。

11. 按 Ctrl＋F8 组合键，创建一个新的影片剪辑元件，命名为“边框”。单击工具栏中【矩形工具】，将笔触颜色设置为白色，填充颜色设置为无色，然后按住 Ctrl 键，画一个正方形。

12. 单击时间轴的第 2 帧，按 F7 键，添加一个空白关键帧。

13. 按 Ctrl＋L 组合键，打开【库】面板，双击 btn1 元件，进入编辑状态。将“边框”影片剪辑元件拖到图层 1 的中心点位置。时间轴如图 6—21 所示，效果如图 6—22 所示。

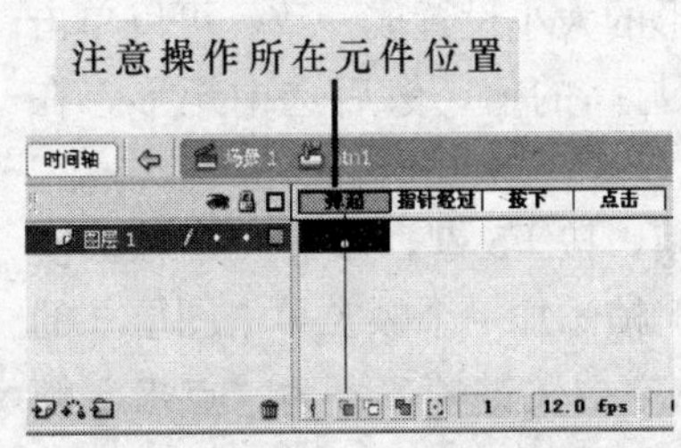

图 6—21　进入 btn1 元件

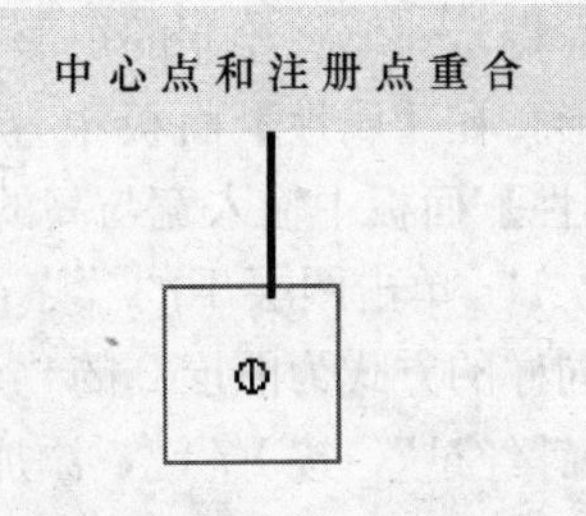

图 6—22　方框拖动位置

14. 单击边框，打开【滤镜】面板，单击【添加滤镜】按钮，选择“投影”选项，设置面板中的值均为默认，如图 6—23、图 6—24 所示。

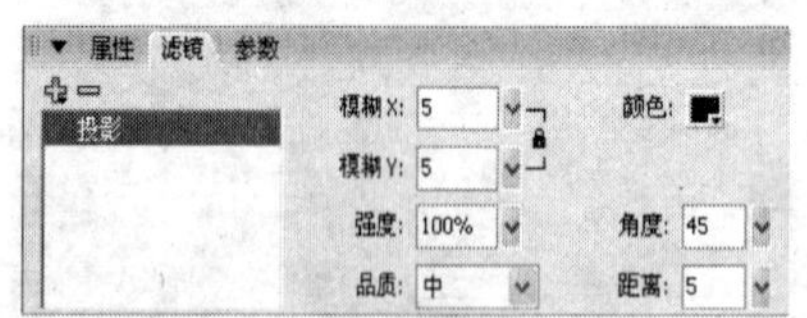

图 6—23 添加“投影”效果

图 6—24 方框添加滤镜后效果

15. 新建一图层为图层 2，将导入的图片 001 拖动到图层 2。单击工具栏中【任意变形工具】，图片调整如图 6—25 所示。

16. 新建图层 3，单击工具栏中【矩形工具】，设置笔触颜色为无色，填充颜色为白色，Alpha 值为 50%，绘制与图层 1 的方框大小一致的矩形。效果如图 6—26 所示。

图 6—25 添加图片

图 6—26 添加透明层后的效果

提示：要将绘制的矩形与图形的大小设置成一致，可以单击图形，在【属性】面板中查看宽与高的值，然后选中矩形，在【属性】面板中输入宽与高的值。

17. 单击图层 1 的“点击”帧，按 F5 键，添加一个帧。使用同样的方式为图层 2 的“点击”帧添加一个帧。单击图层 3 的“指针经过”，按 F7 键，添加一个空白关键帧，再为“点击”帧添加一个帧。时间轴效果如图 6—27 所示。

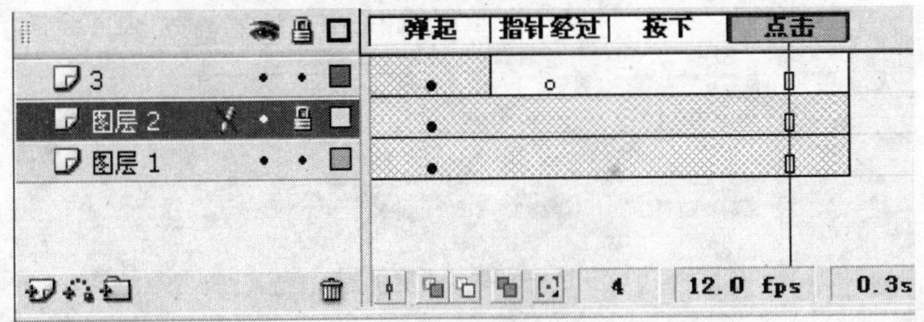

图 6—27　时间轴的设置

18. 按 Ctrl+L 组合键，打开【库】面板，右击 btn1 元件，在弹出的快捷菜单中选择“直接复制”命令，如图 6—28 所示。在弹出的【直接复制元件】对话框中，将名称改为“btn2”，单击【确定】按钮。

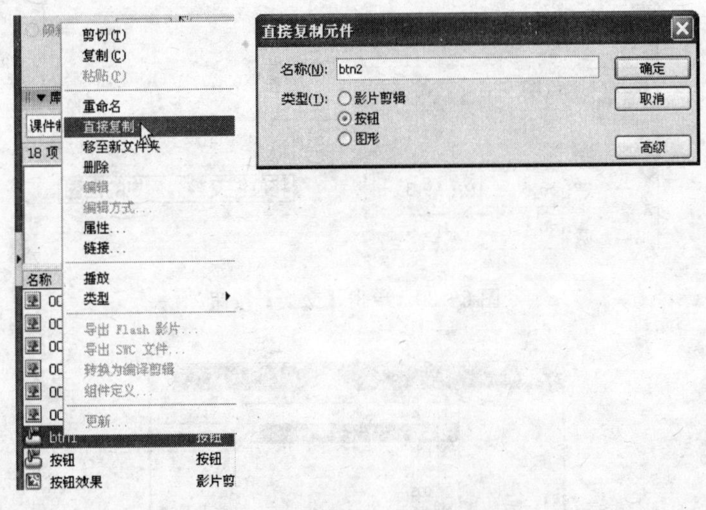

图 6—28　选择“直接复制”

19. 按 Ctrl+L 组合键，打开【库】面板，双击 btn2 元件，进入编辑状态。锁定图层 1 和图层 3，如图 6—29 所示。

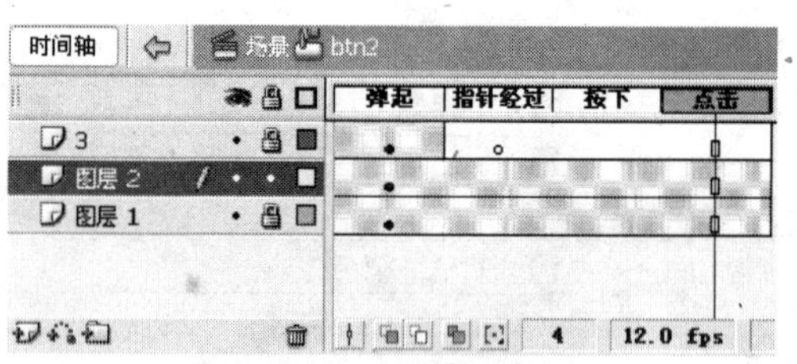

图 6—29　锁定图层

提示：当上面的图层遮挡住下面的图层时，可以将上面的图层设置为锁定或不显示。

20. 单击场景中的按钮，打开【属性】面板，单击【交换】按钮，如图 6—30 所示。在弹出的【交换位图】对话框中，选择图片“002”，单击【确定】按钮，如图 6—31 所示。此时完成 btn2 的制作。

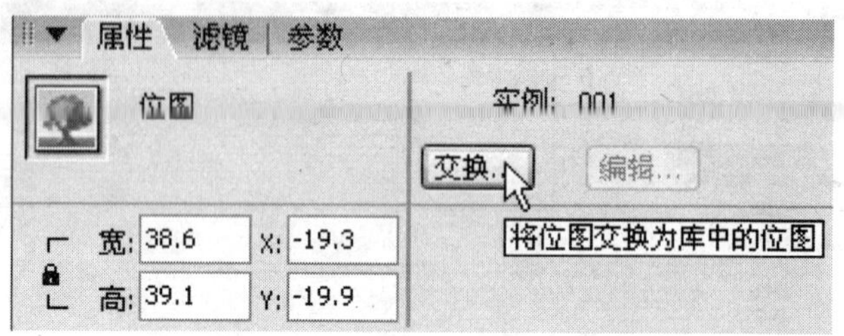

图 6—30　单击【交换】按钮

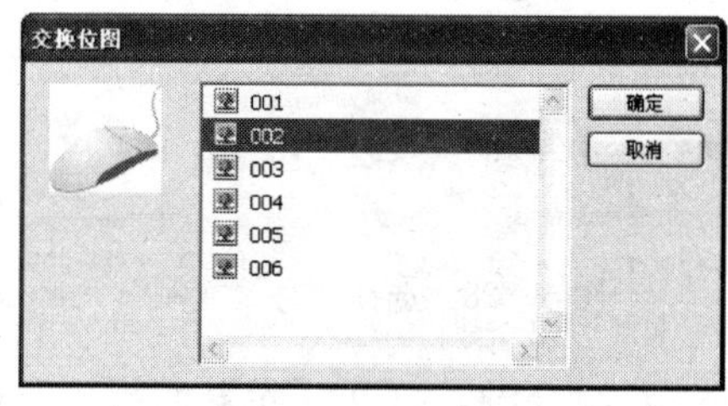

图 6—31　【交换位图】对话框

21. 使用和步骤 19、步骤 20 相同的方法，分别将图片 003～006 做成 btn3～btn6 按钮元件。制作好的 btn1～btn6 按钮如图 6—32 所示。

图 6—32　btn1～btn6 按钮制作好的效果

22. 打开【库】面板，双击 btn1 按钮，进入编辑状态。在图层 3 上新建图层 4，单击“指针经过”帧，按 F6 键，插入一个关键帧。再单击工具栏中【文本工具】，在【属性】面板中将文字设置为楷体、15 号、白色，然后在按下输入“考虑方向”。最后单击“按下”帧，按 F7 键，插入一个空白关键帧。时间轴如图 6—33 所示。btn1 在“指针经过”帧上的效果，如图 6—34 所示。

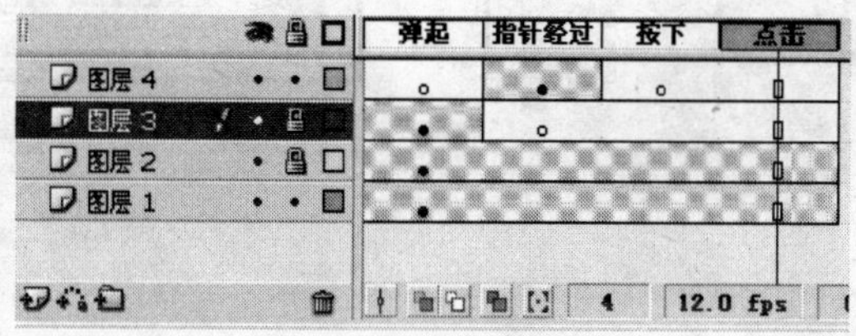

图 6—33　btn1 的时间轴

图 6—34　“指针经过”效果

提示：黑色实心点为关键帧，空心点为空白关键帧。

23. 使用和步骤 22 相同的操作方法，为 btn2 和 btn3 添加“操作步骤”，为 btn4 添加“常用格式”，为 btn5 添加“Flash 发布”，为 btn6 添加“Html 发布”。

四、文本内容的制作

课件的背景、标题、按钮都已制作完成，一个课件应有的素材都已准备好了，接下来要为课件制作课程内容。

1. 在“文字”图层上新建一个图层，命名为“文本”。单击工具栏中【矩形工具】，将笔触颜色设置为白色，填充颜色设置为无色。然后画一个矩形框，作为出现文本内容的背景框。绘制后的效果如图 6—35 所示。

2. 使用【选择工具】，将矩形上部的边线调整成如图 6—36 所示。

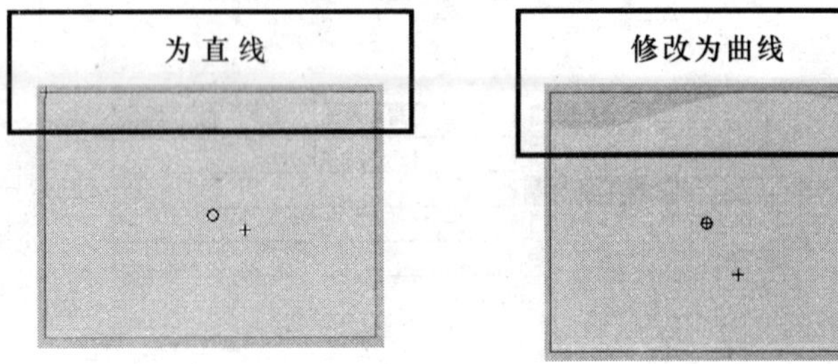

图 6—35　绘制一个矩形　　图 6—36　边线修改成曲线

3. 单击曲线，按 Ctrl＋D 组合键，复制出一条新的曲线。单击工具栏中【选择工具】，将曲线调整成如图 6—37 所示的样式。

4. 重复上步操作，将文本背景设置成如图 6—38 所示的样式。单击工具栏中【颜料桶工具】，分别使用＃0213E7E、Alpha 值 100％，白色、Alpha 值 70％，白色、Alpha 值 30％对各部分进行填充。填充后的效果如图 6—39 所示。

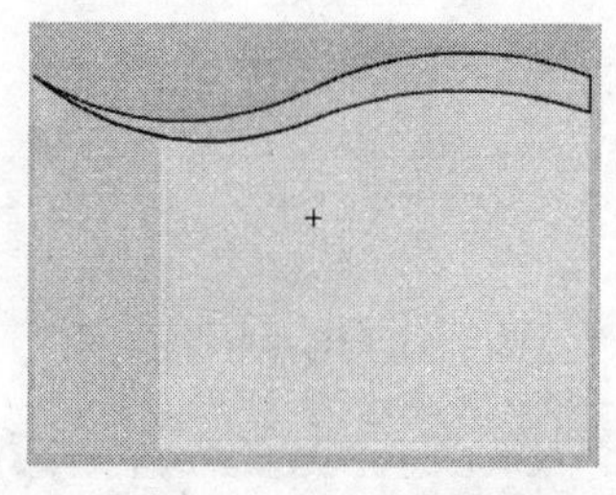

图 6—37　添加一条曲线

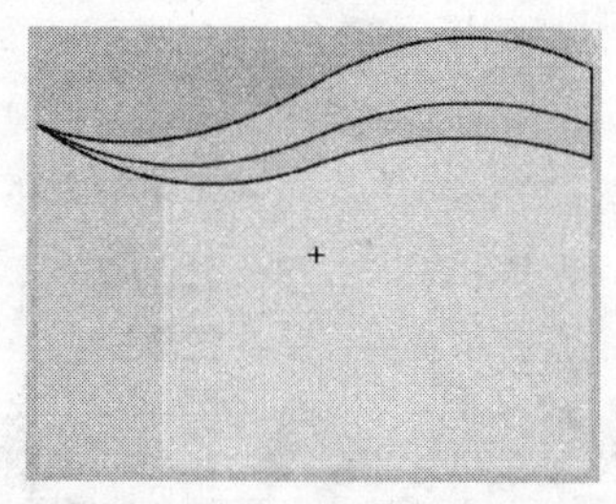

图 6—38　再添加一条曲线

5. 单击工具栏中【选择工具】，双击文本内容的背景框线，按 Delete 键进行删除，效果如图 6—40 所示。选中“文本”图层上的所有内容，按 F8 键，在弹出的【转化为元件】对话框中，将名称命名为“文本内容”，将类型设置为“影片剪辑”，单击【确定】按钮。

图 6—39　填充颜色

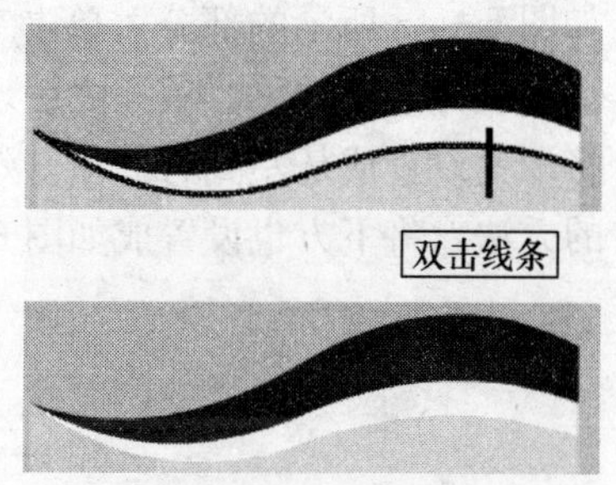

图 6—40　删除边线及删除后效果

6. 按 Ctrl＋L 组合键，打开【库】面板，双击“文本内容”元件，进入编辑状态。右击选中白色半透明区域，在弹出的快捷菜单中选择“复制”，如图 6—41 所示。

7. 按 Ctrl＋F8 组合键，在弹出的【创建新元件】对话框中，将名称改为“文字背景”，类型选为“影片剪辑”，单击【确定】按钮。将复制好的白色透明区域粘贴到“文字背景”元件中，如图 6—42 所示。

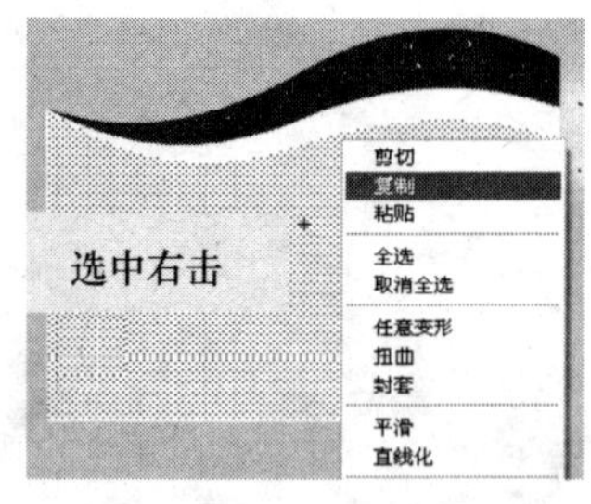

图 6—41　从“文本内容”复制

图 6—42　粘贴到“文字背景”中

提示：步骤 7 的操作可换成单击透明元件，按 F8 键，转换成元件。然后再从【库】面板中复制元件。

8. 单击工具栏中【选择工具】，选取如图 6—43 所示的部分，按 Delete 键删除，如图 6—44 所示。打开【混色器】面板，设置填充颜色为白色，Alpha 值为 50%～0%的线性渐变。选取如图 6—45 所示的部分，单击工具栏中【颜料桶工具】，为选取部分填充渐变效果，填充之后，单击工具栏中【填充变形工具】，将渐变设置成从左到右的渐变效果，如图 6—46 所示。使用同样的方法，将下方也设置成如图 6—47 所示效果。

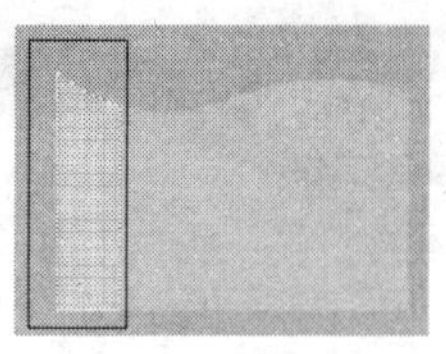

图 6—43　选取删除部分

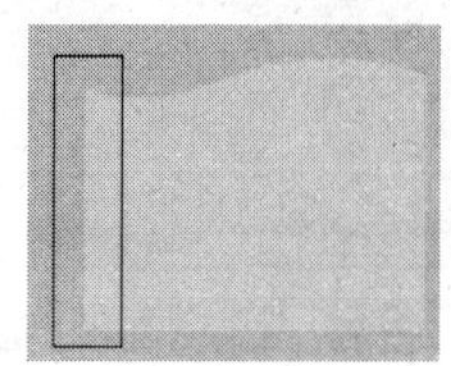

图 6—44　Delete 键删除

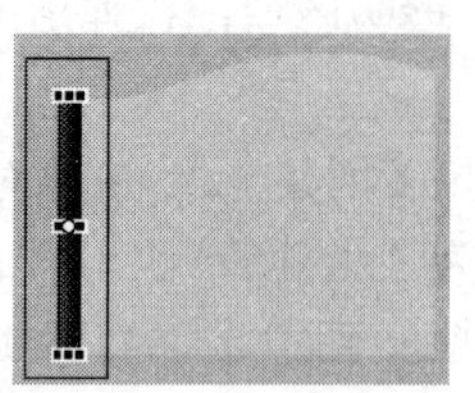

图 6—45　选取填充部分

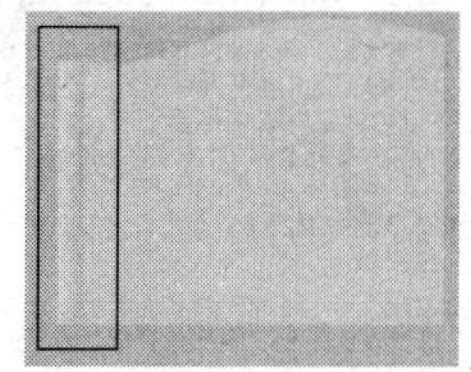

图 6—46　填充调整后

9. 按 Ctrl+L 组合键，打开【库】面板，双击“文本内容”元件，进入编辑状态。新建一图层，命名为“内容”，将“文字背景”元件拖入场景的“内容”图层，效果如图 6—48 所示。

图 6—47　左、下分别填充后效果

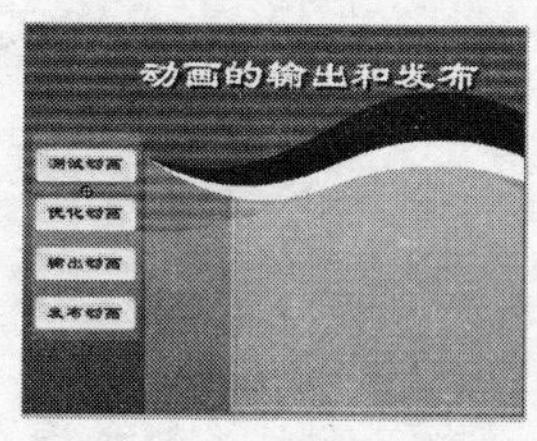

图 6—48　将元件拖入后效果

10. 在“内容”图层上新建一图层，命名为“按钮”。将 btn1、btn2 元件拖到场景中，如图 6—49 所示的位置。

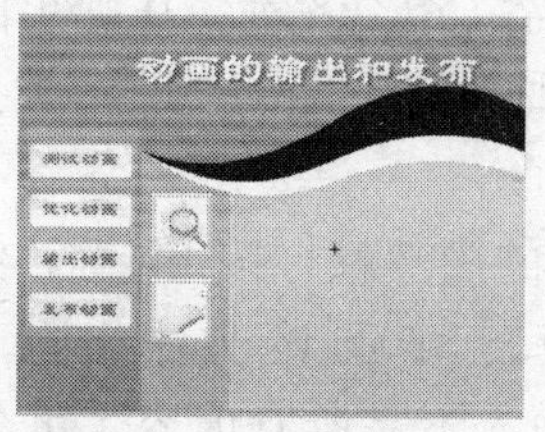

图 6—49　将按钮拖入场景

11. 选中“内容”图层上的内容，按 F8 键，在弹出的【转换为元件】对话框中，将名称命名为“文本”，类型为“影片剪辑”，单击【确定】按钮。

12. 双击进入“文本”元件，新建一图层为图层 2，按 F7 键，添加一个空白关键帧。

13. 单击图层 2 的第 2 帧，按 F7 键，添加一个空白关键帧，单击工具栏中【文本工具】，打开【属性】面板，将文本设置为楷体、黑色、15 号。输入文本内容（见图 6—50）：“在测试 Flash 动画时应从以下 3 个方面考虑：

1. Flash 动画的体积是否处于最小状态，能否更小一些。

2. Flash 动画是否按照设计思路达到要求。

3. 能否正常下载和观看动画。”

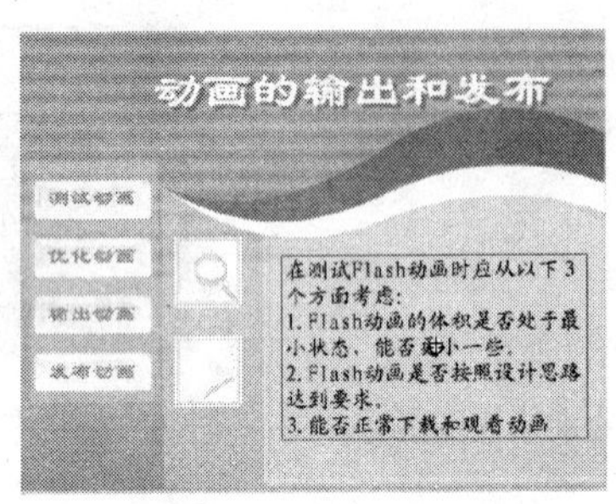

图 6—50 输入文本内容

14. 单击文本内容，按 F8 键，在弹出的【转换为元件】对话框中，将元件名称改为“text1-1”，类型为“图片”，单击【确定】按钮。

15. 单击图层 2 的第 3 帧，按 F7 键，添加一个空白帧，其设置和操作与步骤 13、步骤 14 方法相同。输入其他的文本内容，如果一个页面输入不完所有内容，可分开两个页面进行输入。单击图层 1 的第 15 帧，按 F5 键，插入一个帧。制作完成后时间轴的效果如图 6—51 所示。

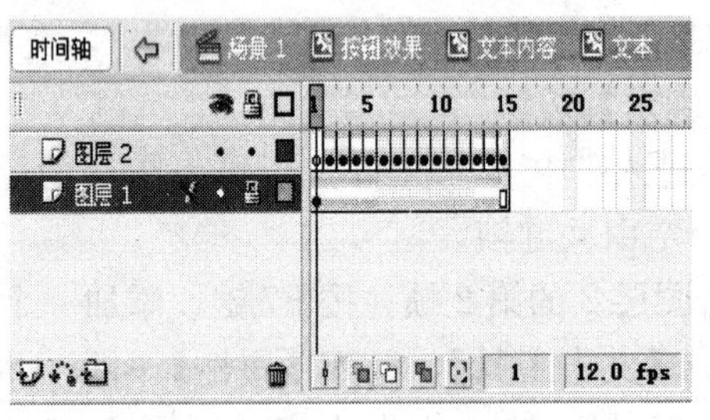

图 6—51 制作完成后时间轴的效果

提示：如需要在屏幕上固定文字的位置，可在输入完文字后，在后面的各帧上插入关键帧，然后在关键帧中将原来的文本内容修改成需要的文本内容即可。

五、脚本语言的添加

为了控制课件内容的显示，现在开始为课件添加脚本语言。

1. 按 Ctrl+L 组合键，打开【库】面板，双击“按钮效果”元件，进入编辑状态。单击选中“文本”图层的内容，打开【属性】面板，将元件命名为“text”，如图 6—52 所示。

2. 双击进入“文本内容”元件，单击“按钮”图层，将“按钮”图层的第 1 帧拖到第 2 帧的位置，此时第 1 帧为空白关键帧。单击“按钮”图层的第 3 帧，连续按 F6 键三次，即在第 3 至第 5 帧上各插入一个关键帧，如图 6—53 所示。

图 6—52 将元件命名为“text”

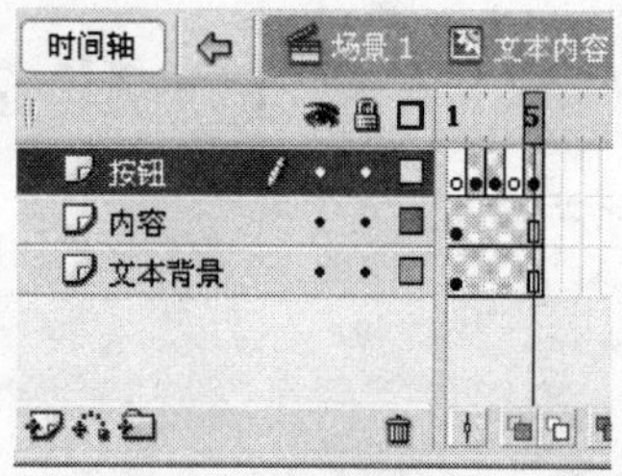

图 6—53 “文本内容”元件的时间轴

3. 先单击“按钮”图层的第 2 帧，再单击场景中的按钮元件。打开【属性】面板，单击【交换】按钮，如图 6—54 所示。使用同样的方法，将 btn2 元件换成 btn4 元件。

4. 使用和步骤 3 相同的方法，将第 5 帧的 btn1 换成 btn5，将 btn2 换成 btn6。单击第 4 帧，按 Delete 键，将第 4 帧的元件内容删除，此时第 4 帧为空白关键帧（见图 6—55）。

5. 分别在“内容”图层与“文本背景”图层的第 5 帧按 F5 键，添加一个帧。新建一图层，命名为“as”，如图 6—56 所示。

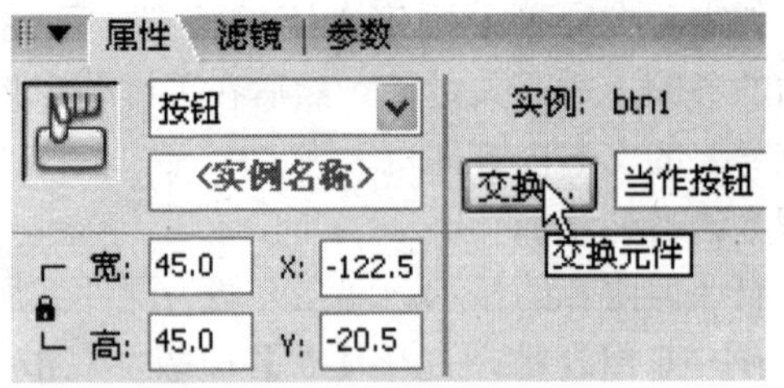

图 6—54 【属性】面板

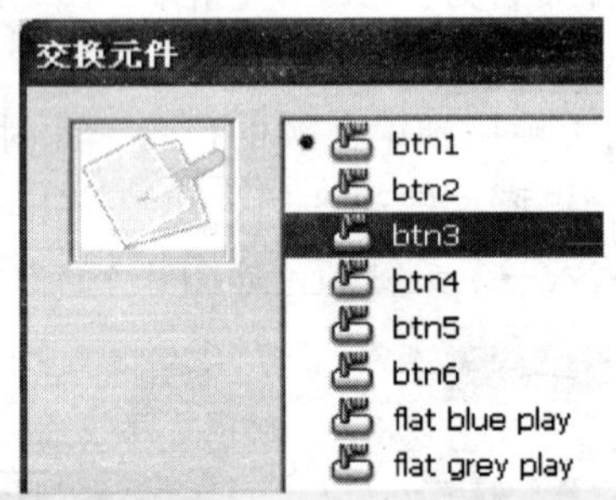

图 6—55 【交换元件】对话框

图 6—56 "文本内容"时间轴

6. 单击 as 图层的第 1 帧，按 F9 键，打开【动作】面板，输入脚本语句："Stop ();"。

如图 6—57 所示，此时，as 图层的第 1 帧将出现一个 a，如图 6—58 所示。

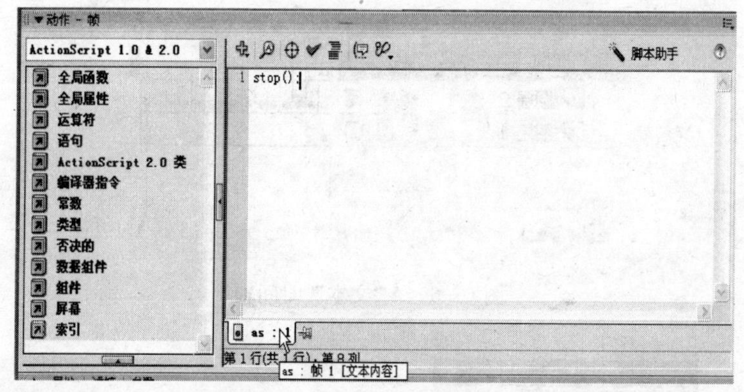

图 6—57 【动作】面板

7. 单击“内容”图层上的元件，打开【属性】面板，将元件命名为“box”，如图 6—59 所示。

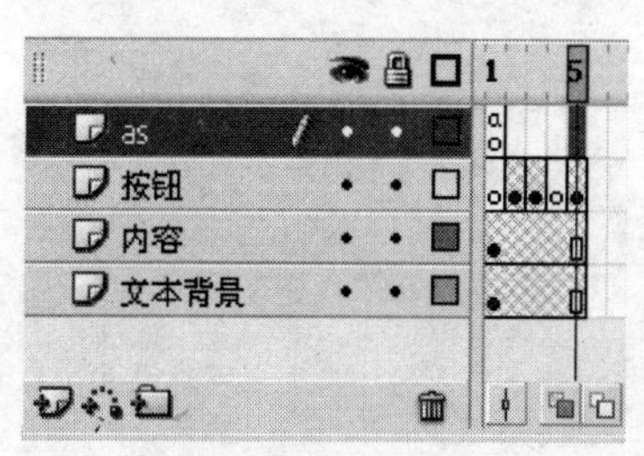

图 6—58 添加脚本内容的时间轴

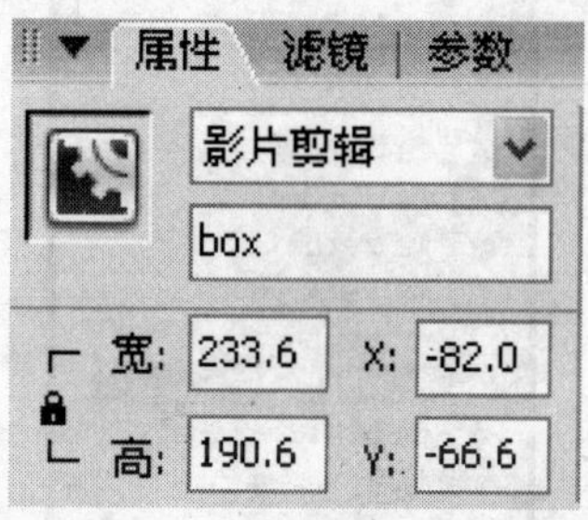

图 6—59 将元件命名为“box”

8. 打开【库】面板，双击进入“文本”元件，在图层 2 上新建图层 3。单击图层 3 的第 3 帧，按 F7 键，插入一个空白关键帧，如图 6—60 所示。

9. 单击菜单栏中【窗口】【公用库】【按钮】命令，打开【库】面板，如图 6—61 所示。选择“playback flat”文件夹下的“flat grey play”按钮，拖动该按钮，放入场景如图 6—62 所示的位置。

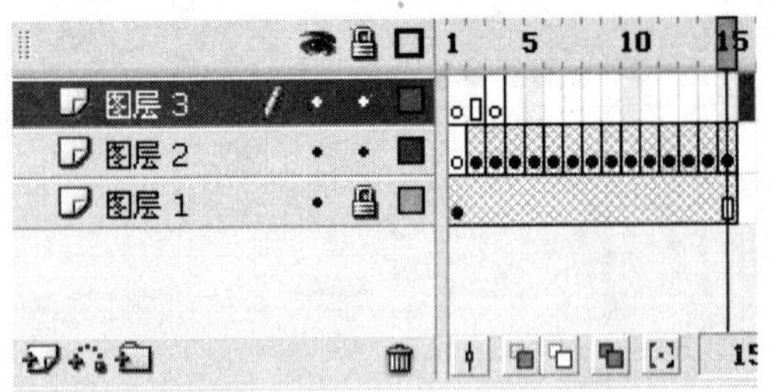

图 6—60 “文本”时间轴

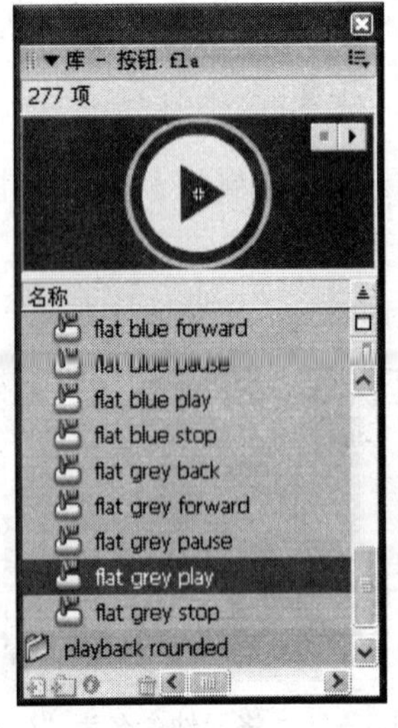

图 6—61 【库】面板

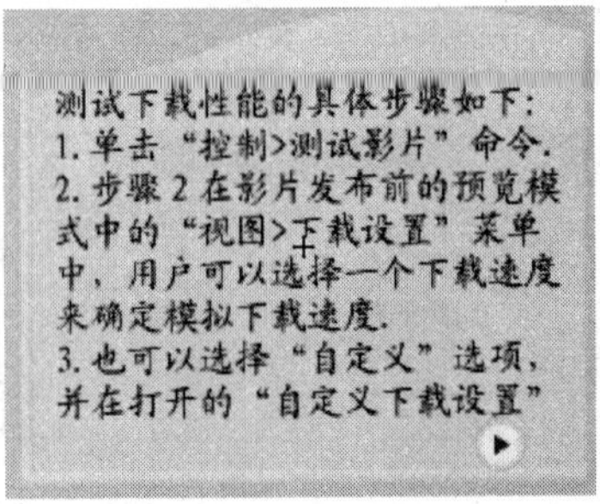

测试下载性能的具体步骤如下:
1. 单击“控制>测试影片”命令.
2. 步骤 2 在影片发布前的预览模式中的“视图>下载设置”菜单中，用户可以选择一个下载速度来确定模拟下载速度.
3. 也可以选择“自定义”选项，并在打开的“自定义下载设置”

图 6—62 库按钮拖入场景中位置

10. 单击图层 3 的第 4 帧，按 F6 键，插入一个关键帧。选中场景上的按钮，单击【修改】【变形】【水平翻转】命令，将“前进”按钮转换成“后退”按钮，如图 6—63 所示。

提示：不可重复使用该按钮，使用时应再到公用库中选取其他按钮元件。

11. 单击图层 3 的第 3 帧，选中“前进”按钮，打开【动作】面板，输入如图 6—64 所示的脚本语句：

```
On (release) {
    NextFrame ();
} //单击即向后移动一帧并停止
```

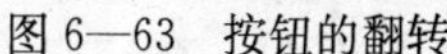

图 6—63　按钮的翻转

图 6—64　【动作】面板

12. 单击图层 3 的第 4 帧，选中“后退”按钮，打开【动作】面板，输入脚本语句：

```
On (release) {
    prevFrame ( );
    } //单击向前移动一帧并停止
```

13. 右击图层 3 的第 3 帧，在弹出的下拉菜单中选择“复制帧”命令。再右键单击第 5 帧，在弹出的下拉菜单中选择“粘贴帧”命令。使用相同的方法，在第 6、第 9、第 10、第 12 帧粘贴一个关键帧。

14. 使用和步骤 13 相同的方法，将图层 3 第 4 帧的内容复制到第 8、第 11、第 13 帧。

15. 右击图层 3 第 4 帧场景上的“后退”按钮，在弹出的下拉菜单中选择“复制”命令。再单击选中第 5 帧，然后右键单击场景，在弹出的下拉菜单中选择“粘贴到当前位置”命令。最后使用向左的方向键将“后退”按钮移动一定的距离。使用同样的方法设置第 10 帧。

16. 在图层 3 上新建图层 4。单击第 1 帧，打开【动作】面板，输入脚本语句："Stop ( );"。

"文本"元件的时间轴效果如图 6—65 所示。

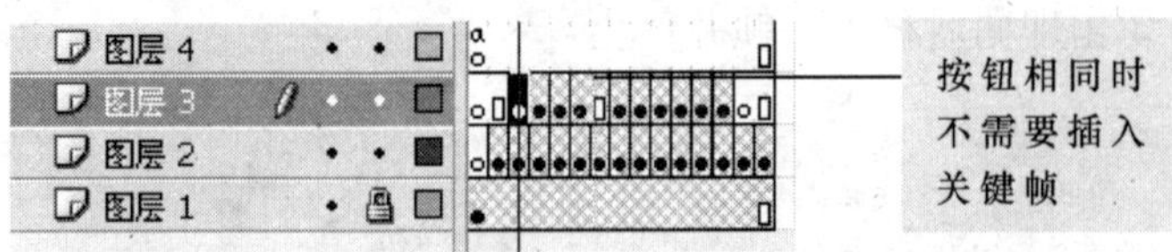

图 6—65 "文本"元件的时间轴效果

提示：复制带有脚本语言的按钮时，脚本语言也跟着复制，所以不需要再进行脚本编写。

17. 打开【库】面板，双击进入"按钮效果"元件。单击场景中的【测试动画】按钮，打开【动作】面板，在"脚本输入框"中输入脚本语句：

```
On (release) {
Text. box. gotoAndStop (1);
Text. gotoAndStop (2);
}
```

18. 单击场景中的【优化动画】按钮，在【动作】面板中输入脚本语句：

```
On (release) {
Text. box. gotoAndStop (5);
Text. gotoAndStop (2);
}
```

19. 单击场景中的【输出动画】按钮，在【动作】面板中输入脚本语句：

```
On (release) {
Text. box. gotoAndStop (1);
Text. gotoAndStop (3);
```

}

20. 单击场景中的【发布动画】按钮，在【动作】面板中输入脚本语句：

```
On (release) {
Text. box. gotoAndStop (1);
Text. gotoAndStop (5);
}
```

21. 打开【库】面板，双击进入“按钮效果”元件。单击“按钮”图层的第 2 帧，再单击 btn1 按钮元件，打开【动作】面板，输入脚本语句：

```
On (release) {
Box. gotoAndStop (2);
}
```

22. 单击 btn2 按钮元件，打开【动作】面板，输入脚本语句：

```
On (release) {
Box. gotoAndStop (3);
}
```

23. 单击“按钮”图层的第 3 帧，再单击 btn3 按钮元件，打开【动作】面板，输入脚本语句：

```
On (release) {
Box. gotoAndStop (9);
}
```

24. 单击 btn4 按钮元件，打开【动作】面板，输入脚本语句：

```
On (release) {
Box. gotoAndStop (12);
}
```

25. 单击“按钮”图层的第 5 帧，再单击 btn5 按钮元件，打开【动作】面板，输入脚本语句：

```
On (release) {
Box. gotoAndStop (14);
}
```

26. 单击 btn6 按钮元件，打开【动作】面板，输入脚本语句：

```
On (release) {
Box. gotoAndStop (15);
}
```

六、声音文件的导入及应用

此时课件基本上已经制作完成，不足之处是整个课件没有声音，所以不能称为一个好的课件。在前面声音导入中，已经学过如何导入声音文件，现在将声音文件直接导入进来使用即可。接下来为课件的按钮和背景导入声音，让它内容更丰富。

1. 单击菜单栏中的【文件】【导入】【导入到库】命令。在弹出的【打开】对话框中，选中两个带有声音的源文件。本例选择“roll. mp3”。

2. 先在【库】面板中双击元件 btn1，进入编辑状态。单击“图层 4”的“指针经过”帧，然后打开【属性】面板，在【属性】面板中单击“声音”旁的下三角列表框按钮，选中“roll. mp3”声音元件，如图 6—66 所示。

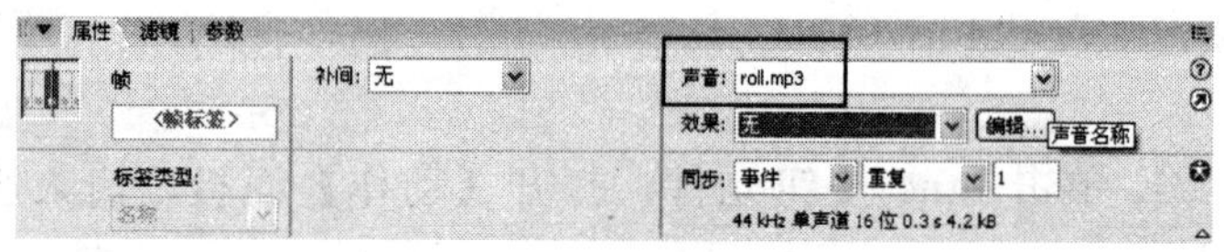

图 6—66　为按钮添加声音文件

提示：在按钮上添加声音，同步选项选择“事件”。

3. 使用和步骤 2 相同的操作方法，分别为 btn2～btn6 添加声音文件。现在，当鼠标滑过按钮的时候，将播放声音。

4. 首先单击时间轴的“场景 1”，回到场景中，为背景添加音乐。打开【库】面板，右击 music 声音文件，在弹出的快捷菜单中选择“链接”命令，如图 6—67 所示。然后在弹出的【链接属性】对话框中选择“为 ActionScript 导出”复选框和“在第一帧导出”复选框，单击【确定】按钮，如图 6—68 所示。

剪切
复制
粘贴
重命名
直接复制
移至新文件夹
删除
编辑方式 wmplayer
编辑方式...
属性...
链接...
播放
更新...
导出设置...

图 6—67 选择“链接”命令

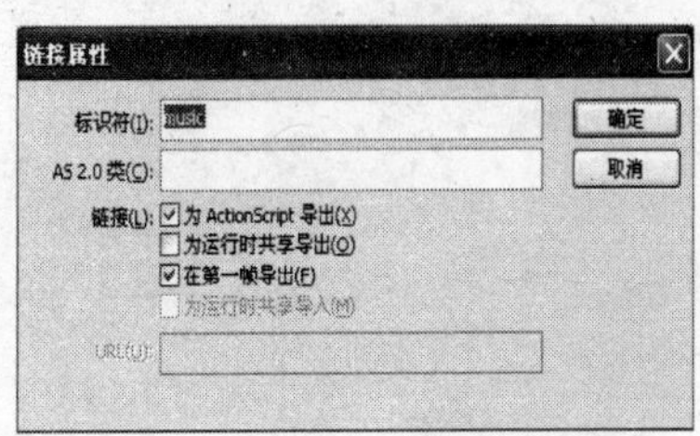

图 6—68 【链接属性】对话框

5. 设置背景音乐循环播放。先新建一图层，命名为“as”，放置在最上面一层。然后单击第 1 帧，打开【动作】面板，输入脚本语言：

```
Sound. prototype. Playwav=function (id, loop) {
    this. attachSound (id);
    this. start ();
    if (loop) {
```

```
        this. onSoundComplete=this. start;
    }
}
mysound=new Sound ();
mysound. Playwav ("music", true);
```

课件已经制作完成，单击【控制】【测试影片】命令，或按Ctrl+Enter组合键，即可以看到发布效果。